用孩子的逻辑，
化解孩子的情绪

郑婉瑜——
（T. Grace）

著

天地出版社
TIANDI PRESS

图书在版编目（CIP）数据

用孩子的逻辑，化解孩子的情绪 / 郑婉瑜著. —2版.—
成都：天地出版社，2021.9（2024年8月重印）
ISBN 978-7-5455-6447-1

Ⅰ.①用… Ⅱ.①郑… Ⅲ.①情绪－自我控制－儿童
教育－家庭教育 Ⅳ.①B842.6②G781

中国版本图书馆CIP数据核字（2021）第131468号

著作权登记号　图字：21-2017-438

YONG HAIZI DE LUOJI, HUAJIE HAIZI DE QINGXU

用孩子的逻辑，化解孩子的情绪

出 品 人	杨　政
作　　者	郑婉瑜
责任编辑	张秋红
封面设计	挺有文化
内文排版	麦莫瑞
责任印制	王学锋

出版发行　天地出版社
（成都市锦江区三色路238号 邮编：610023）
（北京市方庄芳群园3区3号 邮政编码：100078）

网　　址	http://www.tiandiph.com
电子邮箱	tianditg@163.com
经　　销	新华文轩出版传媒股份有限公司

印　　刷	水印书香（唐山）印刷有限公司
版　　次	2021年9月第2版
印　　次	2024年8月第7次印刷
开　　本	880mm×1230mm　1/32
印　　张	8
字　　数	220千字
定　　价	49.80元
书　　号	ISBN 978-7-5455-6447-1

推荐序 I

家庭教育真的很重要！近年来，许多社会案件的犯案年龄层越来越低，低到我觉得不可思议的地步，追根究底家庭教育是根源。自从当了妈妈，我深深觉得某些传统观念真的会孕育出消极的孩子，举个例子：我至今仍然相当不解为何不能当着孩子的面夸赞他们乖巧、好带，而且孩子真的不会因为这样就变得难带；相反地，如果我们从来不就孩子的优点去称赞他们、肯定他们，又怎么能奢望他们以后会看到别人的优点呢？

书中有句话说得很好："你很优雅，孩子就会很乖。"如果我们常常很暴躁地对待孩子，又怎能要求他们有耐心地面对我们呢？

孩子的个性养成取决于我们对待他们的方式！想要拥有积极向上的孩子，就从不动怒的教养开始吧！让我们陪孩子一起优雅地成长！

◎ 六月

知名演员、艺人

推荐序 Ⅱ

沟通，一直以来都是一门艺术。

不只是大人与大人之间、大人与孩子之间，甚至孩子与孩子之间，都存在沟通的问题。这是我们一辈子要学的课题。然而，学校却没有教给我们应该怎么沟通，这不是很奇怪吗？

看到 Grace 老师用自己与幼儿园孩子们相处的经历写下的书，真的是为我们补足了许多学校没教的事，甚至父母都没教的事。从让大人建立良好心态的以身作则到与孩子的实战演练，Grace 老师写下了各种情境的教学攻略，十分精彩！

其实，这几年的心理学也开始不断地强调正向心理的建立。Grace 老师通过《父母最常跟孩子说的话，有什么问题》《换个说法，让孩子信服，你也舒服》等篇章，帮助家长可以很快地上手运用。我不仅是一位父亲，还是一名心理学家，但也难免会有对孩子没耐心的时候，这时，借由更多的学习机会，我看到了自己可以提高的地方。

相信这本满是技巧的书，能够为更多家长打开希望之门，让他们成为优雅的家长。

◎ 程大洲

英国伦敦大学心理硕士、亲子作家、企业讲师
英国优势测评首席分析师
著有《伦敦大学教我的 13 个逆转心理学》

推荐序III

我想这是现代父母必备的一本工具书。作为两个孩子的妈妈，我曾经也为如何在面对孩子的错误行为时不动怒所困扰，知道教育孩子时不能情绪化，但要做到真的很难。

父母做好情绪管控对孩子的成长和言行来说非常重要。我对孩子们也保持用"沟通"跟"表达"的方式，来处理他们之间的纷争，刚开始我是用同理心的方式去向他们解释，要他们换个角度想，反问他们："如果是你，你会有什么样的感受？"时间久了，我发现其实他们能够理解，而且我们的沟通变得容易许多。我常告诉我的孩子们，只要学会沟通跟表达，世上就没有解决不了的事情，因此"沟通"跟"表达"在我们家就像家训一样……哈哈！

很开心看到Grace老师的书，书中有很多非常实用的教导方法，能够帮助父母更加了解自己的孩子，相信大家看完这本书一定会有很大的收获！"请把自己定位为孩子人生的导师，帮他们的人生建立规矩、态度最重要的启蒙者"，我非常赞同这个观念。

真想跟 Grace 老师说："你应该早点出书，你的书实在是太实用了！"让我们优雅地跟孩子一起学习、一起成长吧！

◎ 妈咪速玲

时尚妈咪

自序

————●●●●————

　　在当老师的这二十年里，家长们最常问我的问题里排名第一的是："你怎么会对小孩这么有耐心？"其实，我从小是个没有耐心、容易分心、做事毫无章法的人。对大人的要求，我总抱着"只要去做就行了"的态度，不管结果如何，总觉得反正凡事"差不多"就行了，但对自己感兴趣的事，我会有不睡觉都要将其完成的决心。这么两极分化的我，也不晓得为什么对教育学生会这么有耐心，而这种在外人看来"非比寻常的耐心"，对我来说其实也经过了一番历练。

　　我从"差不多小孩"到现在"拥有非比寻常的耐心"，是我在美国念书时被教授耳濡目染的。我的指导教授是位非常乐观的拉丁裔美国女士，她特别喜欢小孩，自己有四个孩子，又领养了两个。平时我到办公室去找她聊天时，常常会听到她和孩子们在交谈。不管她的孩子们惹了什么麻烦，让她多么生气，她总是平和而坚定地跟他们说话，当然，每次的结果都是孩子们被她驯服了。

　　我早期在选课时没有规划，成绩呈现两极化，好玩的教具制作课我可以拿满分，但必修课程却因为我觉得无聊而常常被搞砸。指导教授知道了我的不足之处，对我说了这样的话："我们做自己喜欢的事情是很愉快的，但是如果因为做不喜欢的事而阻碍你继续做喜欢的事的话，你需要将你不喜欢的事情当作通往你喜欢的事情的阶梯，分一点喜欢给你不喜欢的事情，你心中自然会平定下来，把这些课通过。"

教授没有说一些不实际的话来安慰我，而是直接爽快地点出我的缺点。我原以为会遭到责备，但教授却只给我"解决事情的方法"。慢慢地，我在与自己学生的相处中潜移默化地使用了这种方法，当孩子们做出错误的行为时，我会用他们能够理解的方式来引导他们改正错误。

确实，比起生气骂人，这样的沟通过程是比较漫长的，或许就是这样，锻炼了我的耐心。然而，当孩子做错事的真正原因没有找到时，他就会一再犯同样的错。孩子也会因为每次做错了事，认定大人不管事情的大小或背后有何原因，就只会生气骂人，但孩子仍不知自己的行为有何不妥。

面对孩子的情绪，多数父母通常采取的方法是讲道理或是跟孩子做朋友。这样做本身没有错，只是与孩子讲道理、分析对错，如果流于长篇大论，就会让孩子觉得"反正听完训话就没事了"。我经常看到的是，孩子在大人讲道理的过程中养成了言语早熟和爱顶嘴的习惯。由此可见，不懂孩子的逻辑，就无法真正解决孩子的问题。

本书所写的都是我这二十年教小孩时所遇到的真实情况。在与孩子的互动中，我常常会把自己放在他们的处境中去思考，同时还会想：如果是我的教授，她会怎么做？

在此将我的这本书献给在教学上影响我最深，一路指导我、引导我的教授——马兰达·肖博士，一位让我一直战战兢兢地在教育上努力践行她传授给我的一切的人生导师。

目　录 / Contents

Chapter *3*

换个说法，让孩子信服，你也舒服

Chapter 1

当个优雅的大人

01

以身作则的优雅

真正亲自带过孩子的父母都知道，在还不懂事的孩子面前始终保持理智、不动怒，是一件多么困难的事情。进入幼教业二十个年头，我仔细回想，自己是否曾经因为孩子们的行为真正动怒过，答案是"没有"！

是的，二十年来的幼教生活，我不曾因孩子而失去理智。的确，我不是其中任何一个孩子的母亲，但我每天要在同一个时间内，面对几十个二到六岁的孩子，而且时间都超过了五个小时。我相信我所需要的理智与耐心，绝对不会少于一般的父母。

接下来，你肯定想问："你是怎么做到的？"

♣ 身教永远放在第一位

我进入美国南阿拉巴马州立大学，主修儿童英语教育时，上第一堂课教授就告诉我们："从这一刻起，你们不可以再说'stupid'（笨蛋）这个词了！作为老师，除了教育孩子，你们的言谈举止更是他们学习的榜样，拥有优雅的举止是你们必备的特质！"这段话对我的影响很大，也让我建立了日后面对孩子们时永恒不变的原则——柔和而适当地保持威严。

而我，真的再也不说"stupid"这个词了。教授告诉我们，当我们因为某人做了一件事而说他"stupid"时，就等于向孩子传递了"以偏概全"的观念。如果老师的言行举止是孩子们模仿的榜样，那么，越是微小的细节越要注意。

　　我想要表达的是，"以身作则"在国外的幼教系统中是如此重要的一环，老师都需要如此，那么，更何况是在孩子们心目中最具崇高地位的父母呢？当你还没特意教育孩子时，你所说的每一句话、所做的每一个动作，都可能成为孩子仿效的标准。假如家长们能够充分认识到这一点，那你们在孩子们面前又怎会不优雅呢？

当然，光凭"因为知道自己的使命，所以必须让自己的举止合宜"这一信念，是无法支撑家长们保持优雅的。如果家长不想因孩子而"暴走"，那么，除了信念，你们还必须有方法！

第一招

对调皮的孩子要眼睛直视、运用音调并辅助手势

学龄前的儿童相当依靠感官，喜欢会动且色彩缤纷的物品，对突如其来的声音非常敏感但专注力低，除非是能引起他们好奇心的事物，否则他们对目标物的停留时间是需要训练的。因此，你会发现，当孩子在做一些调皮的行为时，你经常要喊他很多次，甚至喊到火气都上来了，他才会听到你说的话。

还有，孩子很聪明，他不理睬大人的指令，有时是真的没有听到，或不知道你在跟他说话，但更多的时候是在试探你的底线，"我再玩一下下，再靠近一点点就好"。

如果你想让他知道"我现在要说的话很重要"，你就必须学会下面这些技巧。

1. 蹲下来

与孩子沟通重要的事情，最基础的动作一定是"蹲下来，眼睛与他平视"，这样做是为了拉近你们之间的距离，避免给孩子造成压迫感，但主要目的是想抓住他注意力的焦点。如果他把头转向旁边，你就让他把头轻轻地转向你，让他看着你的眼睛，并告诉他："我正在跟你说话，请看着跟你说话的人的眼睛，这样才是有礼貌的。"

2. 在重点词汇上放大音量并带上手势

在沟通的过程中，你可以在重点词汇上放大音量并带上手势，以加深印象，还可根据他的年龄给予适当的信息。注意，此时重点之外的字眼不要说太多，一来会混淆重点；二来接收过多超龄信息的孩子，往往会发展成很会顶嘴的孩子。

警告他"不可以靠近插座"

蹲在孩子面前，让他看到我的眼神很坚定。

告诉他"不可以玩插座，会受伤、会痛"。说话时，在重点词汇上音量放大，并把两只手臂交叉在胸前，做出摇头的动作。

对于两岁以前的孩子，你只简单强调"不可以玩插座，会受伤、会痛"就可以了。

两岁以后，他们懂的就比较多了，可以试着告诉他们"为什么"。例如玩插座会受伤，会发生火灾，还可以搭配图片（挑选画面不是太可怕的）给他们看，让他们了解其中的原因。

在这里要给父母们打一个预防针：很少有孩子能够在被警告一次后，就铭记于心且不再犯错，所以请父母们务必坚持，对于不正确的事情，你们要多次用同样的方式慎重地告诉孩子，随着年龄的增长他们会记住的。

运用眼神与手势这种沟通方式还有一个附加价值，那就是当你习惯性地把孩子叫到面前进行沟通时，就不会有大声吼叫、失控的状况出现，你可以更加冷静而优雅地对孩子说话。

第二招
对哭闹中的孩子不预先定性，协助他说出心里的想法

"大哭大闹，不听话，做错事"，孩子们让父母生气不外乎以上这些原因。但父母要懂得，当孩子们因做了错事而害怕、哭闹时，正是最需要你们帮助的时候，千万不要在这个重要的时刻与他们一起失去理智。

你一定听到过（或者做过），父母对着哭闹不停的孩子说："一定是你不好！""不准哭，大家都在看你，丢不丢人！"……

在这种情况下，孩子并不会因此而停止哭泣，反而会哭得更厉害，不是吗？

哭泣是孩子表达不开心最直接的方式。有时，只是一点点的不开心，如果父母不分青红皂白地加以斥责，就会增加他的痛苦，从而让他把你们的坏情绪无限地放大。

孩子哭闹，不外乎身体不舒服、事情的结果不符合他的预期等原因。想要制止孩子哭闹，父母就要做到：

首先，口气必须是冷静平和的；

其次，要让孩子知道"你们懂得他痛苦的原因"；

最后，把"造成他不开心的点"说出来。幼儿对自己情绪的理解很有限，帮他们把不安的情绪讲出来，对他们而言这是安抚情绪的关键。

你可以这样做

当孩子因为你不准他玩儿玩具而发脾气大哭

你可以告诉他："我知道你现在很难过。""妈妈没收了你的玩具，你很伤心。""现在乖乖去吃饭，等一下就可以再玩二十分钟。"

　　当他知道你明白他心里的想法时，他不安的情绪就会慢慢平复。比起持续地责骂，或者放任他哭泣不理睬，这种方式能让大人更快地掌控局面。

　　更重要的是，情绪被安抚好之后，再跟他讲道理，才会起作用。

　　有时孩子一哭会哭到一种"忘我"的境界，怎么安抚都停不下来，这时适时地让他哭泣是很有必要的。

　　最好的方式是带着他到另一个空间，但一定要"陪伴"他，千万别让他一个人，要让他在觉得安全的环境中，尽情释放情绪。

第三招

责备过后，告诉他如何避免错误再次发生

孩子犯了错，受到责备是必然的，责备的目的是让他们不再犯同样的错误。

责备过后，孩子和大人都冷静下来了，这时父母一定要做"收尾"工作，教他们如何避免再发生同样的事情，这是很多父母都会忽略的环节。

你可以这样做

孩子做错事被处罚后

将事情的经过叙述一次，第一次没起到作用，第二次再提醒、再说明，一次次地引导他们学习：因为你做了这件事情→所以发生了不开心的事情→下次怎么做，不开心的事情就不会发生。

因为你乱丢玩具→所以妈妈没收了你的玩具→下次你把玩具收好，玩具就不会被没收。

因为你今天不肯吃午饭→所以你今天不能吃点心→下次你乖乖把饭吃完，就可以吃点心。

♣ 火气上来了，就优雅地转身吧

当然，任何人都会有情绪失控的时候，我不认为父母应该压抑自己真实的情绪，只是，当你们察觉自己动怒了，"火山"要爆发时，一定要这样做：深呼吸，转身离开现场。

1. 深呼吸

真的是很有用的方法。它可以提醒你，现在需要的是耐心而不是怒气，面对年龄越小的孩子，你越需要冷静。

2. 离开现场

若是在家里，你可以离开当时的环境到另一个空间去，整理一下自己的情绪；如果在外面，你可以带着孩子离开当时的环境，这是转换你们情绪的一种最快的方式。

最后，教给大家一个能够获得孩子喜爱与信任的小窍门，那就是"打扮自己"！

正式的穿着容易赢得尊重，这不只适用于成人的世界，在孩子的眼中也是如此。漂亮的大人更能吸引孩子的目光，也更容易获得孩子的尊重和崇拜！

在幼儿园里，我经常有机会抱小孩，还需要帮助他们处理吃饭、小便等事情，因此轻便的穿着是最省事的，但即便如此，我仍然天天把自己打扮得漂漂亮亮的，化好妆再戴上漂亮的首饰。孩子看到老师很漂亮，就会喜欢老师，对老师有好奇心，这样一来，与他们沟通就会事半功倍。

偷偷告诉你们一件事：小朋友特别不喜欢让漂亮的大人因为自己而生气。

O2

从收玩具训练“生活规矩”

如何让孩子乖乖地把混乱的玩具收拾好，相信这是让许多父母备受困扰的事情，但请父母们务必要坚持这项训练，因为学龄前是给孩子定规矩的"黄金期"。父母和老师此时为孩子营造一个有条理的环境、打造安全学习的框架，这对孩子未来人格的发展起着举足轻重的作用。

当孩子们专注地做自己喜欢的事情时，若中途被打断，他们会相当不舒服。学校里有一种让收玩具像玩游戏一样有趣的方式，提供给父母们参考！

♣ 一、用音乐（或其他暗示）区隔游戏时间

在学校里，我们会在"游戏时间"以及"游戏结束"时设定两种不同的歌曲。当游戏时间开始时，老师会播放音乐，并问道："大家听到什么了吗？"目的是引导小朋友们说出："游戏的时间到了！"再让他们选择自己喜欢的玩具，开始玩游戏。游戏时间结束，老师会再播放另一种音乐，引导他们说出："游戏时间结束了。"他们开始一边唱歌，一边收拾玩具。

引导小朋友们把自己正在做的事情"说出来"，是非常重要的环节。在他们的世界中，"想"和"说"对事物的理解有着不同的效果，"说出来"可以让他们真正意识到自己的动作。

你可以这样做

利用音乐（或铃声）引导小朋友们有规律地作息（包括吃饭时间、游戏时间、睡觉时间）。整个活动从开始到结束，都让小朋友们觉得这是一场游戏，由音乐开始，再由音乐结束。

✤ 二、一次玩一种游戏

不同的玩具对孩子来说有着不同的作用：玩益智玩具可以训练孩子的逻辑思维能力、专注力；滑梯或是车子、娃娃屋等，因为这些必须和别人一起玩，所以能让孩子学会分享，培养交际能力。

学校的玩具间会分区域，我通常会请老师记录小朋友们每天玩的项目，一周内每天要轮流在不同的区域玩。这样，一方面，能让他们对明天要玩的新玩具产生期待感；另一方面，通过不同玩具的互动模式，可以训练各种能力。

你可以这样做

买的玩具不要一次性都拿出来，一次让小朋友玩一到两种。一次性将所有"宝物"都摊开，反而会让他不知所措。

✤ 三、借助颜色进行收纳归类

学校的玩具种类很多，小朋友们有时会不知如何归位，或不记得自己是从哪边拿出来的，于是我们就在玩具的下方贴上了不同颜色的识别贴纸，以让他们能够依照贴纸的颜色，把玩具放回同样颜色的箱子中。

例如：积木、建筑类贴上蓝色贴纸，娃娃类贴上红色贴纸，收纳时请小朋友把它们放回自己的"房子"。

如此一来，可以协助他们快速将玩具归位，同时也让他们学习辨认不同的色彩，以及组织、归纳的方法。

- - - - - - - - - **你可以这样做** - - - - - - - -

准备不同的篮子，利用贴纸或其他分类方式，在收玩具的同时，培养他们分辨和组织、归纳的能力。

♣ 四、检查收纳成果

检查小朋友们的收纳成果，是不能忽略的环节。这样一方面可以了解他们收纳的状况，另一方面可以对他们的成果进行褒奖或提出纠正意见。

当小朋友们完成玩具收纳时，老师会说："玩具'仙子'要来检查了。"同样是利用角色扮演的方式，这个过程也是游戏的一环。

发现收错地方时，老师会说："有的小朋友把积木错放到娃娃的家了，它应该住在哪个颜色的小屋呢？"若小朋友们收拾得很好，也要及时称赞他们。

•••••• 你可以这样做 ••••••

你要依照孩子的年龄，决定是陪他一起收还是让他自己收，同时要让他知道，收得好明天才能继续玩，因此要对孩子收玩具的成果进行称赞或提出意见。

如果没收好，就可以缩短他下次玩儿玩具的时间；如果一直耍赖不收，可以规定他一天都不能玩儿玩具，只能画画（静态地玩）。

❖ 五、制止偷懒行为

活动过程中，总会有些小朋友故意顽皮地边玩边收，或者偷懒在一旁闲晃。老师要有一双火眼金睛，随时都能看出这些小朋友的意图，此时可以直接喊他们的名字，指派任务给他们；或鼓励他们一起帮忙，不能让他们轻易地蒙混过去。

你可以这样做

　　小朋友有时收玩具会突然分心，又玩起来了，或者跑去做别的事情，父母要随时拉回他们："游戏时间结束了，请把玩具收好。""已经收拾好了吗？"要让他们知道休想在爸爸妈妈的眼皮底下蒙混过去！

　　简单的"收玩具训练"，可以让孩子学会负责、专注、归类，还能让他们从实现目标（收好玩具）中获得成就感，是不是很棒呢？

Chapter 2
用孩子的逻辑，
化解孩子的情绪

01

让孩子一生受用的这句话，
你一定要告诉他

"你爱你的孩子吗？"

"当然！"

任何父母对这个问题都会毫不犹疑地如此回答。

但每当我问"你用什么方式爱你的孩子"时，过去的许多父母会愣住想半天，大部分会回答我："我把我最好的一切都给他！""我会尽力让他每天都过得快乐！"这几年开始，有些父母告诉我："我会让他拥有独立自主的能力。"是的，没有什么比训练孩子独立自主更能让他们受用一生的了。

但说归说，在学校里我仍能看到许多父母用"溺爱"来"阻碍"孩子的成长，他们总觉得孩子还小，等长大了自然就会了，但真是这样吗？

·案例一·　别让"爱"他变成"碍"他

两岁半的小安，秀眉大眼，白皙的皮肤搭配典雅的小洋装，俨然就是童话中的小公主。气质优雅的妈妈带着保姆，陪伴她一起来到学校，妈妈问我学校事务的时候，保姆在一旁为小安整理衣着，并再三确认书包中的学习用品，最后才放心地目送她进教室。看得出来，这是个备受家长疼爱的孩子。

几周之后，小安的老师跟我反映她的学习进度有些落后于同班同学……

两岁半的小托班课程，一般包括肢体律动、歌唱、画画、游戏等，并进行用餐、刷牙、如厕等生活自理训练。老师告诉我，她发现小安从听到指令到开始行动，通常需要花较长的时间，也经常会中途停止动作或走神。

经过几次观察，我发现小安确实在学习生活自理方面，大幅度落后于同龄的小朋友，例如，"将水壶放到书包里"这个动作，一般孩子教三次可能就学会了，但小安的老师花了三天时间才让她在听到指令后可以跟其他小朋友一样，拿起水壶走向书包，而且在这个过程中要持续提醒她，她才能真正完成。

但根据经验，我感觉小安并不是理解力有问题的孩子，之后我在上下课时，特别注意小安跟家人的互动，慢慢地，我找到原因了。

上下课时，小安大多是由保姆接送。一次在学校组织的活动中有机会跟小安的妈妈聊天，我才知道，小安家里有两个保姆：一个负责照料她的生活起居；另一个负责随身在侧，照顾她所有的需求，如穿衣、穿鞋、喂饭、擦汗……是的，这就是问题的关键。太多她应该学习自己完成的动作，保姆全帮她做好了。在上学之前，小安根本不知道她自己可以做什么事情，当老师告诉小朋友们"穿外套，穿鞋子"时，小安也知道什么是穿衣、穿鞋，但她只会等待，等待别人来帮她做这些事情。

· 案例二 ·

另一个例子是三岁的恩恩，老师发现他在课堂上的反应比较特殊，例如游戏时，老师请大家"起立"，恩恩不会跟其他小朋友一样听到老师的指令就行动，而是看到所有的小朋友都起立了，他才会匆匆站起来。我曾经在上画画课的时候，看见恩恩握笔的姿势不太对，当我握住他的手想矫正时，才发现他的手很软，力气很小。

也是经由几次和恩恩的家长见面谈话，我才得知恩恩在家是很受奶奶宠爱的"小王子"，奶奶非常细心地照料他的生活。在恩恩更小的时候，她几乎不舍得让他在地上爬，担心他跌倒、流汗，也很少让他在外面活动。

小安和恩恩的问题及原因几乎是一模一样的。我记得我们花了至少一个学期的时间，才教会他们自己拿汤匙、擦嘴、穿脱衣物……他们懂得了"这些事情，你可以自己动手做"，虽然无法像多数小朋友那样动作流畅，但至少在原来的基础上有了很大的进步。

Grace 老师的教育智慧

别让你的爱，剥夺孩子学习的机会

以上两个例子虽然都有点极端，但让我们看到了父母的角色定位如果出错，就会对孩子的成长造成很大的影响。

家长们都知道，家庭与外面是两个截然不同的世界。孩子在成长阶段，需要学习各种知识和技能，如肢体运动、语言、人际交往……如果他们从来不必尽力为自己做些什么，那又怎么能期许将来他们身处外面的群体中时，不会像小安和恩恩一样不知所措呢？

学龄前的孩子就像海绵一样，吸收力很强，对任何事情都充满好奇，遇到新鲜的事物他们会迫不及待地想要接触、学习。我相信家长们一开始给予他们的照顾是出于满满的爱，但这种爱的方式，却阻碍了他们的成长。

父母应该问问自己，理想中的亲子关系是什么样子的。父母要做到以朋友的身份和孩子一起玩儿、当他无话不谈的伙伴、让他适性发展、给予他全力的支持。但无论你们的想法如何，对于学龄前的孩子，都请记住 Grace 的一句叮咛："好的亲子关系，仍须坚持父母的角色！"

这么讲似乎有些严肃，但为什么我会特别强调"父母的角色"呢？过去的权威教育，疏离了亲子关系，而今日太多的父母扮演了"无条件支持、服务的角色"，在他们的过度保护下，孩子就得承担进入同龄人群体之后无法适应的后果。

我认为，好的亲子关系中，父母的角色并不是站在后面，成为孩子最忠实的支持者，而是应该走到前面，成为引领者，把自己定位为孩子人生的导师。要知道，你们不只是保姆，还是帮孩子的人生建立规矩、观念、态度最重要的启蒙者。

O2

生气、哭闹不止时，
孩子最需要你这样对他说

学龄前孩子的父母，最容易崩溃的时刻就是"孩子情绪崩溃"时。

几年前，许多的教养文章中都流行这样一句话——"别被孩子的情绪绑架了"，这应该就是指那些跟着孩子一起崩溃的父母。

✤ 负面情绪解套锦囊

很多家长，甚至学校的老师都会问我："为什么他们这样哭闹你都不会生气？"

可是，我真的觉得没有什么好生气的啊！

无论是他们调皮捣蛋还是哭闹不止的时候，我都会很好奇他们行为背后的原因，当我知道之后只觉得好可爱、好好笑、好心疼，怎么会生气呢？

我倒是想问问经常崩溃的家长和老师："你们的人生经验比这些孩子多了这么多，怎么会被他们打败呢？"

特别是父母，应该最了解孩子的引爆点。这里整理了一些当孩子有生气或哭闹等负面情绪时，帮其情绪解套的锦囊。

第一招

先发制人

孩子会突然情绪爆发，通常是因为"想要的东西没有得到"或者是"被剥夺了拥有喜欢事物的权利"，因此"预告"对孩子来说是非常非常重要的事情。

进商场前，你可以告诉孩子"你今天可以选一个礼物，你可以自己决定'一个'"，或"这个月你已经有新的玩具了，所以我们今天不会买东西"。

在让孩子看电视之前，你可以告诉他："今天看三十分钟后，电视就要关掉。"

让孩子提前有心理准备，有时间调整情绪，相信我，"预告"可以帮助孩子减少一半以上的哭闹情况。

第二招

冷静应对

　　孩子会崩溃大哭，是因为他无法掌控眼前的状况，不懂得控制自己受到刺激后所产生的情绪。

　　父母情绪越稳定，越能帮助孩子摆脱不安。父母千万不要跌入孩子的情绪陷阱，跟着一起崩溃。

第三招

事后检讨

　　父母冷静下来后，可以教导孩子产生这种情绪时应该用什么样的方式去处理。

　　例如：告诉孩子"下次怎么做就可以不用生气""下次想要的时候可以怎么表达，可以不用哭"……

经过一段时间，你会发现：孩子真的会把你的话听进去，从而慢慢地改变自己。

当然，这个锦囊妙招还是不可能百分之百避免"因不满你的意见而哭闹不休"甚至"不知道他到底在哭什么"的状况，这时候，有些话你一定要说，但有件事你却绝对不能做！

·案例· 对孩子的坏情绪处理不当，会让他失去安全感

艾迪上到幼儿园中班的时候，老师发现他动作特别慢，无论是吃饭、做游戏，还是上厕所，他都是最后一个。老师平时虽然会试着鼓励他要跟上大家的脚步，但我们知道每个孩子都有自己发展的进度，只要他完成了动作，就不需要太强迫他加快速度。

一天，轮到艾迪担任画画课的小帮手，老师请他先帮大家把画笔拿到画画教室。艾迪原本很高兴，这会儿却变得很沉默，他拿着画笔准备走出教室时，突然大哭起来，并且哭得特别厉害。老师安抚了好久，问他为什么哭：是不是身体不舒服？是不喜欢帮老师拿东西吗？他只是哭，不回答。之后一段时间，老师更加明显地发现艾迪情绪管理出了问题，经常在找不到原因的状况下哭起来。

有一天的数学课，艾迪突然在下课之前哭了，恰好我经过，心想："这次就让我亲自来处理一下吧！"

在我们幼儿园里，我不希望孩子们一整天都待在固定的空间，因此不同类别的课会在不同的教室上。我让老师先将小朋友们带到下一个上课的教室，但请艾迪留了下来。当看到老师关上电灯，带着小朋友们一个个走出教室时，他更是失控地大哭起来。艾迪其实是个很稳重的孩子，我很少看到他这样。

我蹲下来，对他说："艾迪，老师不会骂你，你不要害怕！老师只是想陪你聊天。"当然，此时的他没这么容易安抚，我又对他说："我知道你现在在生气，你不开心，我会陪你。没关系，你先哭，我会陪着你！"大约哭了一分钟，我见他情绪仍是很激动，觉得应该改变一下环境，便走过去把灯打开，灯一亮，艾迪突然止住了哭泣。我知道了，他怕黑。

孩子正处于激动的情绪中时，要让他平静下来，大人只能比他更冷静，并且说出能让他安心的话语。即使知道他怕黑，也不能在这时伤他的自尊心，不要故意说破他害怕的原因，或说让他难堪的话刺激他，否则会让他对你设下防线。

我问："你不想哭了？那我们要不要一起去下一个教室？"他沉默。

我又问："如果你不喜欢在最后一个，我会陪你啊！"他还是不说话。我换了一种方式："只有我们两个在这边好无聊，别的教室有好多小朋友，我们要不要一起去那边跟他们玩？"

艾迪："你不会丢下我一个人在这里，对吗？"嘿，很关键的问话！我说："当然不会啊！我会陪你，等你想要去跟其他小朋友玩的时候，我们再一起过去。"

艾迪又沉默了一会儿，然后决定跟我一起去找其他小朋友。

到了教室门口，我知道艾迪换教室前会哭，于是我特地蹲下来对他说："艾迪，等画画课结束后，大家会一起回到刚刚的教室，知道吗？你会跟其他小朋友一起回来。"

预先告知很重要，因为我已经知道他害怕"一个人"，所以我要先消除他的担忧，让他知道"他不是自己一个人"。

那天下课，我特意到校门口去等艾迪的爸爸。我觉得有些事情，我们需要沟通沟通……

————●●●●————

我："最近艾迪在学校情绪有点儿不稳，跟平时不太一样。"

爸爸："是吗？他在家都很正常啊！他在家很调皮。"

我："我记得他以前很乖，最近变得比较容易情绪化。"

爸爸："老师，他在家很顽皮，经常是怎么讲都不听。"

看来爸爸似乎没发现艾迪的变化。

我："他是不是比较怕黑？"我直接问。

爸爸："是吗……啊！可能因为我处罚他的时候，都会把他关在房间里的缘故。"

我："关在房间？"

发现问题了！

爸爸："是啊，我看有关教养的书上都说，小孩子在发脾气的时候，可以带他离开原来的空间，先把他隔离开来，让他自己冷静冷静，所以他乱发脾气的时候，我会把他关在房间里。"

我："关多久？"

爸爸："关到他不闹为止。"

我："他是自己一个人在房间里吗？"

爸爸："是啊，我要让他学习自己冷静。"

我："嗯……小孩哭闹时，将其隔离到一个新的空间是对的，但是，你可能需要陪着他。"

爸爸："为什么呢？"

我："今天艾迪在学校突然大哭，我也是跟他一起留在教室里，让他哭，发脾气、踩脚都可以，但我会在旁边陪着他，那是一种安全感，让他知道他不是自己一个人。"

爸爸："安全感？"

我："是啊！这个年龄的孩子很需要大人陪伴的安全感，做错事应该被处罚，但处罚的目的是让他知道自己做错了事，而不是让他感到害怕。"

爸爸："嗯……我知道了，我会认真想一想。"

我："好的，不过艾迪现在会害怕在一个人的空间里独处，建议您多注意。"

Grace 老师的教育智慧

训练孩子，但不要剥夺此时他最重要的需求

现代的家长有很多获取教养信息的来源，如网络文章、书籍，或是家长彼此间的意见交流。也许，将来有一天你也会采用我建议的教养方式，但请务必记得：没有一个孩子的发展和情绪反应会是一模一样的，也许这个方法对大多数孩子都适用，但并不代表对自己的孩子也适用，适性任情才是教养的关键！

学龄前的孩子处于感官敏感期，此时那些给感官造成刺激的事物，会在他心里留下很深的烙印，无论

是好的还是不好的。曾经有一个五岁的小男孩告诉我，他长大后一定要开飞机，因为小时候（五岁的小时候应该是指三四岁时）爸妈带他去看飞机，他觉得好棒好棒！

大家还记得近看飞机起飞时的情景吗？就连大人第一次看到都会对其视觉和声音效果感到震惊，更不用说一个连五岁都不到的儿童会有多震撼了。而这个震撼带给他的是惊喜，所以从此留给他的印象就是飞机好棒！

或者，有的小朋友第一次吃棒冰，因为被那种冰冰刺刺的感觉吓到了，觉得很不舒服，所以从此讨厌棒冰了；但也有小朋友觉得这种感觉好新鲜、好好玩，从此爱上这种冰冰的感觉。

举这些例子是想让大家了解：同样的事情，每个孩子会有不同的反应，但感官刺激都会在他们小小的心灵中留下很深的印象。艾迪的爸爸让生气中的艾迪单独待在一个房间里，但年龄幼小的他无法想到爸妈就在外面而不是他自己一个人，因此原本发脾气的情绪变成了害怕、恐惧；但对于爸妈来讲，也许只听到他哭声越来越大，猜想他是不服管教，为了让他知错、学习控制情绪，只能忍住心疼继续关着他，直到他哭完、哭累了。

面对孩子哭闹的状况，父母的直接反应往往是处理当下的情绪，也许方法没错，但他们没有考虑到孩子年龄太小或选择的时机不对，例如：在他最需要安全感的时候，把他隔离在单独的空间里；或者，在他在意的人面前指出他的错误！对的方法用错了时机，非但不能帮助他，反而会伤害他。

面对哭闹不止的小朋友，
你可以这样做

◀◀▶▶

1. 把他带到一个单独的空间里。
2. 安抚情绪：我知道你现在难过、生气，
   你可以哭，我在这边等你，等你哭完。
3. 让他说出哭的原因。
4. 告诉他，下次可以怎么做。

03

不想开口叫人的时候，
也可以这样打招呼……

见面打招呼，是人们见面时的一种基本礼节。在幼儿园里，我要求孩子们每天上下课时，都能够主动跟老师打招呼，这不仅是有礼貌的表现，也是训练孩子们主动去建立良好的人际关系。但偶尔也会遇上这样"屡劝都不打招呼"的小朋友，这时，大部分家长会面带尴尬地说："唉，他就是这样没礼貌，都教不会！"然后就急匆匆地带着孩子回家了。但是，我可不会这么轻易让他们蒙混过去。

·案例·　　**不想开口，还是要"打招呼"哟**

瑞瑞是中班时进来的小朋友，他在很短的时间内就适应了学校的生活，跟其他小朋友打成一片。有一天早上，我站在校门口

等小朋友们，互道早安。

瑞瑞的妈妈和姥姥这时也跟往常一样，一起送他来到学校。

我："早上好，瑞瑞！"

瑞瑞妈妈："快跟老师说早安啊！"

瑞瑞看了看我，没有说话。

瑞瑞姥姥："怎么又这个样子啦？老师，真抱歉，他就是这样没礼貌。"

我笑了一下，让瑞瑞先跟着大家一起进教室。

接下来的两天，我悄悄地观察瑞瑞，发现他在学校跟同学相处时，并没有特别不一样的情绪，也很乐意与我和他的老师互动。放学时，瑞瑞看到妈妈和姥姥来接他，虽然很开心，但还是不愿意开口说"再见"，妈妈和姥姥仍然以"瑞瑞就是这样不礼貌"为借口，然后不好意思地带他回家了。

到了第四天放学的时候，我陪着他走到楼梯口，蹲下来对他说："瑞瑞，前几天你都没有跟我说'再见'，我很想听你跟我说'再见'，你可以跟我说吗？"

瑞瑞停顿了一秒钟就对我说了："再见，Grace！"很好，他是可以说的。

下了楼梯，瑞瑞开心地冲进妈妈怀里。

妈妈："今天跟老师说'再见'了吗？"

我："刚刚我们在楼上时，瑞瑞已经跟我说过了。"

妈妈："真的吗？"妈妈显然非常惊讶。

姥姥："一定是老师您在帮他吧，他都不跟别人打招呼。"

我："姥姥，真的说过了。"我很认真地再次强调。

第五天，我一样陪着瑞瑞走到楼梯口。

我："瑞瑞，她们都没有听见你跟我说'再见'，但是我知道你说了，对吗？"

他点点头。

我："等一会儿到了楼下，要'再见'的时候，你就跟我点点头，这样我就知道了，你觉得好吗？"

到了楼下，瑞瑞果然在道别时对我点了点头。

我猜想瑞瑞应该已经被妈妈与姥姥说他没礼貌，弄得相当排斥开口跟大人打招呼这件事，但打招呼的方式难道只有一种吗？不是还有拥抱、握手、眨眼，甚至还有法式的脸贴脸吗？

再怎么倔强的孩子，也很难抗拒有趣的事物。对瑞瑞而言，开口打招呼乏味又有压力，因此应试着用他能接受的方式来做这件事，等他重新接受"打招呼"之后，慢慢地，他也就愿意用我们的方法啦！

我趁瑞瑞不注意，告诉他妈妈跟姥姥，瑞瑞有他自己打招呼的方式，要慢慢来，我不希望把"打招呼"变成让孩子不开心的负担，但这件事情却不能不做，所以我把"打招呼"变成一种游戏，循序渐进地教他，让他慢慢接受大人的打招呼方式。

接下来的一周，我们都把"点头"当作暗号。

第二周，我们把暗号改成"握手"。

第三周，暗号换成"眨眼睛"。

有一天下课，我听到瑞瑞站在妈妈旁边，很小声地对我说："再见，Grace！"瑞瑞终于主动说"再见"了，我的内心在兴奋地跳跃着，但我努力使自己保持镇定，对他微微一笑，用惯用的口气对他说："再见，瑞瑞，你今天很棒！"

此刻，如果大人很激动地对孩子说"天啊！你好棒，你说了'再见'了"，有时反而会吓到他，甚至会让之前的努力前功尽弃。

接下来，我们陆续换了好几个小暗号。即使不是我送他下楼，瑞瑞看到我也会特意对我微笑，或点头、眨眼，或跟我道再见。渐渐地，他也开始跟其他的老师打招呼了。

Grace 老师的教育智慧

也许，我们可以换个方式强迫他

"适性发展"在近几年成为教育界的流行语后，父母越来越能够尊重孩子的意愿，知道应该放慢脚步等等孩子。但是，在尊重孩子与给孩子定规矩方面，父母如果拿捏不当，就会让许多应该坚持的事情半途而废，如上述打招呼的例子；或者，父母不想和孩子僵持，顺手做了他们可以自己完成的事情，如应该收好玩具才能吃饭等。

大家应该能发现，当我们要求孩子做他不想做的事情使得双方僵持不下时，结果都是孩子被压力逼得大哭，而父母只好妥协。

但 Grace 认为：该坚持的事情，就一定要坚持！在这里我想再强调一次，只要是关于养成正确的习惯以及与孩子安全有关的事情，无论孩子怎么抗拒，大人都坚决不能让步。我会让孩子知道：你可以不开心，你可以哭，但这件事情很重要，我一定要这么做。

学龄前是孩子养成良好习惯的关键期，很多父母会在这时候训练孩子收玩具、自己吃饭、打招呼等，这是没问题的，但往往一不小心就会让这些要求变成孩子的负担。其实，父母需要掌握一个诀窍，那就是：把孩子该做的事情变成游戏，使其充满趣味。

第一次发现瑞瑞不打招呼时，如果我跟着妈妈和姥姥一起指责他，只会让他觉得难堪、有压力，从而更加排斥我希望他做的事情。后来我观察了他两天，想知道是否有什么特殊原因让他不愿意做出"打招呼"

的动作，但看见他平时和老师、同学都能正常地互动，要回家时心情也很好，并没有人际交流的障碍，唯独在家长要求"打招呼"时，他表现得很反常，于是我就猜到大概的原因了：他不喜欢这种感觉！

前面提到，边收玩具边唱歌，或者跟瑞瑞创造不同的打招呼方式等，这些都是为了表明只要花点心思就能提高孩子对事情的接受度。有时候，小朋友的毅力出人意料的强大，他就是要这么僵持地跟你耗，大人未必有他的耐性，但大人一定要有足够的智慧让事情转个弯。

孩子不愿叫人时
你可以这样做

● ● ● ●

"这是妈妈的朋友，如果你不想说话，也可以笑一下、点个头，一样是有礼貌的孩子哟！"

最容易让孩子不开心的
这句话，你常说吗

"走快一点儿。""吃快一点儿。""快一点儿，要来不及了。"……这些话你对你的孩子说过吗？经常说吗？

五岁以内的孩子，肢体协调能力与专注力在持续发展，这也是大量练习许多动作和熟悉生活步调的阶段。在自己的步调中，如果他们总是听见大人说"快一点儿、快一点儿"，那就打乱了他们认定好的秩序感，这对他们来说是很恼人的一件事。

• 案例 • 　你的小动作，孩子的大情绪

苏菲是个很漂亮的小女孩，她每天都梳着整齐的辫子、戴着可爱的发饰，看得出来妈妈对她很用心，很愿意花时间打扮她。但是，不知道从什么时候开始，我们发现苏菲变了。

一开始，老师先观察苏菲的状况：有几天她总是板着脸来上课，然后很不开心地跟妈妈说"再见"。到了上课时间，她的情绪好像就恢复了，没什么异样了，但到了第二天早上，她又是板着脸来到学校，放书包、拿水壶几乎都用摔的动作。老师问她原因，她也不说，但我们总结出，只要苏菲绑马尾来上课时，心情就会特别不好。

那一天，我特意在游戏时间走过去跟苏菲聊天。

"苏菲，你今天早上好像不太开心。"

"没有啊!"

不知道她是不愿意说,还是不知道怎么说她不开心的原因。

"真的,我就觉得你今天好像心情没那么好。"

"没有呀!只是妈妈一直说要快一点儿、快一点儿啊!"

"因为妈妈说要快一点儿,所以你不开心吗?"

苏菲没回答,但表情稍微有所缓和,我仍然猜不到原因。于是,今天就先这样。

过了几天,我又看到绑着马尾、板着脸的苏菲,于是,我又走过去跟她聊天。

"早上好,苏菲,怎么看起来又心情不好?"

"没有呀!"她嘟嘟着小嘴。

"是今天早餐不好吃?"我瞎问了一句。

"不是的。"

"哦……你今天没有夹发夹。"我故意试探性地聊关于头发的话题。

"对啊！妈妈就一直说要快点儿。"

"这样啊，因为要快点儿，所以妈妈没时间帮你梳辫子，对吗？"

"对啊！老师，你可以帮我梳辫子吗？"

"好啊！但是，你不喜欢绑马尾？"

"不喜欢。"她摇摇头。

"妈妈说要快点儿"的关键词，第二次出现了，但是她依然说不出具体的原因。

这次聊天结束后，我让她的老师多留意她，若看到她头发不整齐或绑着马尾，就可以帮她梳辫子。

第二天早上，我在校门口等苏菲和她妈妈。苏菲进去后，我趁机问了问妈妈，最近是否比较忙，没时间帮苏菲梳辫子。妈妈告诉我，因为生了弟弟，两个孩子一下子忙不过来，所以没办法像之前那样帮她打扮了，而她也发现苏菲有时候会很不高兴，大概是因为被催促的关系。

"我们也发现，如果早上苏菲的头发梳得不好看，她那天的情绪就会特别差，学习状态也比较受影响。"我如实地告诉妈妈。

"真的吗？怎么可能？"

妈妈很难相信，"梳头发"这件事对孩子的情绪影响会这么大。我让她找一天特意帮苏菲绑马尾，然后偷偷上楼去看看苏菲。妈妈亲眼看到她摔书包、撞椅子的情景，这才相信了。

原来大人要孩子"快一点儿"，争取那短短的几分钟时间，竟能影响孩子一整天的情绪。

最后，我们讨论出一个解决方案，让妈妈告诉苏菲："以后如果没时间帮你梳头发，妈妈会请学校老师帮你梳，妈妈变忙了，但还是希望可以让苏菲每天漂漂亮亮的。"过了一阵子，我们建议让苏菲搭校车来上学，有了校车接送，她们的时间更充裕了，这样就能减少许多"快一点儿"的催促。

Grace 老师的教育智慧

不要小看规律作息对孩子的影响

有规律的作息，无论对大人还是孩子来说，都是一件很重要的事情！不过，孩子们不像大人，生活规律可以根据突发事件随时调整。当他们已经养成了规律的作息习惯，或者正在做某件喜欢的事情时，突然被中断，对他们来说简直就是晴天霹雳。

妈妈帮自己梳漂亮的辫子，对苏菲来说不只是变漂亮的一种方式，我相信她更享受于妈妈帮自己梳辫子的两人时光。但突然弟弟出现了，此时尚且年幼的苏菲还在学习如何"体谅"别人，对"妈妈必须同时照顾两个孩子，没有时间像从前那样帮她梳辫子"无法理解，可能只能解读为："有了弟弟，妈妈就一直说快点儿快点儿，妈妈不能帮我梳辫子了。""为什么以前都可以梳辫子，有了弟弟就不能梳辫子了？"

另外，当妈妈决定让她改坐校车时，我们是这样对她说的："妈妈为了早上能有时间帮你打扮，'特别'请校车接送你，这是爸爸跟弟弟都享受不到的。"这不是哄骗，而是相当有技巧的沟通方式。

我能理解家长在忙碌的生活中分身乏术，偶尔会忽略孩子的小情绪，但只要能花点小心思，比如事前的沟通——"因为妈妈早上要准备你跟弟弟的早餐，所以会比较忙，可能偶尔无法……"，或者忙碌之后的关心——"这几天你为什么不太开心？"都能够帮助孩子解决人格发展中的难题，从而使其克服不良情绪，学会体谅他人。

不主动、不积极的孩子，
一定要推他一把

凡事不与人争、默默在团体中不吵不闹的孩子，是老师和家长心中的乖宝宝，却也是最容易被忽略的孩子。每个人都有荣誉感，以及想要得到自己喜欢的东西的心态，尤其是孩子。但是，如果一个孩子能够轻易让出自己想要的东西，且对老师的赞美和责备无动于衷，那么是否能放任他这样"与世无争"呢？

· 案例 ·   不争不抢的孩子，就真的好吗？

小克是上中班的时候来到这个学校的，在此之前妈妈带他参加过台湾的现代舞团——云门舞集和其他才艺班，他的人际交往能力和应对能力已经发展得很好。上课之前，妈妈也表示，小克个性温和，极少闹情绪，但动作特别慢，这点有时会令人困扰。开始上课后，老师果然发现小克总是团体中最慢的一位，吃饭吃

得最慢；排队也永远走在最后；老师发问，他更是从来不举手发言。

对很多老师而言，像这样的小朋友，其实不需要花费太多心思，只要他能跟着大家一起好好学习就行。一天，我偶然看到的一幕景象，让我决定不能让他再这样下去了。

游戏时间，老师会让小朋友们在不同的游戏区中，挑选自己喜欢的玩具。小克看中一个玩具汽车，正要打开车门时，有个小朋友突然冲过来，抢先一步坐进车里。一般情况下这时应该上演大哭告状、争执吵架的戏码，但小克却没这么做，他愣了一下，默默退到一旁，找寻别的玩具去了。不对啊！完全不对！这不是这个年龄段的孩子应该有的反应。

"小克，你刚刚是不是想玩那个车子？"我凑到他身边。

"喔，对啊！"

"但蔓蔓插队抢走了车子，你要不要跟她说是你先看到的？"

"不用啦！她想玩就让她玩好了，我等没人玩的时候再玩。"

"可是，明明是你先碰到那个车子的啊！"对于这种不积极的孩子，必须给予刺激。

"嗯，对啊……没关系啦！"

"但这样你就吃亏了。"

"没关系，总有一天我可以骑到啊！"他仍然保持着淡淡的口气。

"那一天可以是今天，只要你现在去跟她说。"

"不用了，"他口气依然淡定，"等没人时我再去，他们要玩就让他们玩好了。"

鼓动失败了。

之后的几天，我特别关注小克。我发现，小克不只是动作慢，他对于争取老师和同学赞美的荣誉心，以及保护自己喜欢的东西的积极性，也几乎没有，我想不能放任他这样下去了。

某天，大家上完厕所洗手的时候，所有小朋友都洗好手进教室了，我看见小克还在慢慢地冲水，假如大部分的小朋友是"小兔子"，那他应该就属于"小蜗牛"那一类，我希望他至少能试着跟上其他人的脚步。我走到他身边，对他说："小克，洗手要洗快一点儿，才不会浪费太多水。"

"哦！"他加速了，从"小蜗牛"变成"大蜗牛"的速度，但还是赶不上其他的"小兔子"。

"这样，这样洗才对。"我抓住他的手帮他洗，让他感受"快"的速度。最后，他仍是慢慢地走进教室。

中午吃饭时，我也在一旁叮咛着："要吃快点，不然你就没有时间睡午觉了。"我抓着他的手，舀一口饭放进他嘴里："要这样，这个速度才对。"那一两天，我发现他的动作比平常快了一点点，但是我很清楚地知道，他只是为了配合我的要求，而并不是从内心真正想要改变。在我一次次的催促下，他终于按照我期望的"爆发"了。

那天，当大家都吃完午餐准备刷牙时，我又注意到他"慢慢地"移动。"小克快点啊！吃完饭快去刷牙了。"我再次催促他。

"为什么都一直叫我快点快点？到底为什么要快点？"我从来没听过小克一次说这么多话，还带了点怒气，看来他是真的生气了。

"这样啊……那不快点的话，为什么要慢慢的呢？"我一时不知该怎么回答他的问题，但又不想被他考倒，只好先把问题丢回去。

这招很好用，爸妈们一定要学会。

他回答："我慢慢的，但是我把事情都做好了啊！"

孩子的回答很直接，但大人们要知道他说出这句话背后的原因，当他说出"我慢慢的，但是我把事情都做好了啊"时，我的解读是，小克是认真想把事情做好，只是他觉得大人们都看不到，他也不理解为什么快才是好。

"哦，原来是这样，好……那你就慢慢的！从现在开始我准许你可以慢慢的。"我顺着他的说法，"但你要真的很慢很慢，而且要把事情都完成。"

"好！"

"那你现在慢慢地把碗洗好，然后慢慢去刷牙吧。"

我改变了策略，并且答应他："好，如果你觉得慢慢的才能把事情做好，那老师答应你，从今天开始你可以慢慢的，但是要很慢很慢，而且要把事情做得很好，不然你就要再做一次。"

从第二天开始，我便严格要求他"慢慢把事情做好"。

"小克你走太快了，这样可能会跌倒。"

"小克洗慢一点儿才能把碗洗干净，你刚刚洗太快了。"

"被子要叠慢一点儿，这边都没有叠整齐，你不是说慢慢的才可以做好吗？"

"你刷得太快了，这样怎么刷得干净呢？我让老师等你，你再慢一点儿。"

就这样，我吹毛求疵地轰炸式挑剔了他几天。不久他的动作突然变快了，甚至对我说："老师，慢不一定好，我快一点儿也可以做好。"

接下来，我持续跟他在"快一点儿"和"慢一点儿"之间斗法。小克的动作慢慢变得不再只是单一的低速，偶尔也会有小小的加速。有一次校外教学，学校安排孩子们到消防队参观，其间还进行了防震演习，让孩子们到地震屋体验消防队救援的流程。活动结束后，我特意走过去跟小克聊天。

"你在地震屋看到消防员叔叔救火的影片了吗？"

"看到了。"

"遇到火灾的时候，大家都很快地跑出来，对不对？"

"对啊，我看到了。"

"所以啊，你现在已经知道不是慢慢的才能把事情做好，遇到一些事情，要很快才能做好，有些事情是必须要快，所以你平常就得练习。"

"嗯，我知道。"

"我知道你慢慢地可以把事情做好，但是如果你快一点也做得很好，你的老师就会看到，也会说你很棒哟！"

那个学期，不只是与他在快慢之间斗法，我更在意的还有他对"荣誉感"的态度——不在乎荣誉感，所以不想竞争，慢慢地就会变成无法竞争，这种态度对孩子的影响相当深远，不能无视。平时上课，我请老师尽量让小克发言，例如大家轮流念故事时，点他起来念，念得好就让小朋友们为他拍手，让他感受被赞赏的感觉。

学期末，我又找了一个机会和小克聊天："老师跟我说你现在念故事给大家听，念得很好，你很棒！我想告诉你，你现在已经做到了最好，老师和同学都为你鼓掌，如果你喜欢这样，以后你就可以自己争取，主动让老师看到你，不要错过让自己发光的机会。"

下一个学期，小克偶然看到我经过教室，就跑过来对我说："老师你看，这是我今天画的。"

Grace 老师的教育智慧

当你的孩子比一般孩子更乖巧时，

你就更要多注意他的心情

　　小克最主要的问题，其实不是速度，而是他"不在乎"的态度，不在乎荣誉感，不在乎喜欢的事物被剥夺，小小年纪，就已经冷眼看世界了。

　　通过和小克妈妈聊天以及我的观察，我猜想可能是因为他太早地进入了团体学习的竞争环境。小克进入才艺班时，年龄很小，他的表现不容易被看到，或者是习惯了看年龄大的孩子表现，从不懂得如何表达到消极地不想争取，从而渐渐变得对许多事情都不在乎。

　　小克个性很温和，因此他的问题在团体学习中是很不容易被发现的。通过这个故事，我想提醒父母们：孩子不争不抢不一定是因为他个性好。的确，每个孩子性格不同，或温和或积极，但好恶表现一定都是显而易见的，这是人的天性，差别只在于行为反应的快慢，当你发现孩子"对什么事情都不在意"时，就需要特别留意，找出行为背后的原因并帮助他。

　　对于积极性不高的孩子，最好的方法是制造机会让他们体验一下"争取后的成就感"，帮助他们发现自己有能力争取想要的事物，鼓励他们主动改变。

06

过度热心的小帮手，
给别人造成困扰怎么办

前面的案例是帮助孩子找回荣誉感，这一次，我们来讲一个把荣誉感当成使命的小朋友的故事。相信很多父母都有这样的记忆：班上有个同学（通常是女孩子）很喜欢管东管西，不停地纠正大家的缺点，甚至还会跑去向老师告状。

这样的孩子通常很热心，也很主动，但在班上人缘不是太好。如果你的孩子是这样，你应该如何帮助他呢？

·案例·　爱告状的女孩

小优是个聪明又漂亮的女生，她对自己的穿着、行为表现要求很高，同时也会用这个高标准去要求别人。平时，小优无论是在言谈举止还是课业方面都是学校的模范生。她很仔细地听老师说的每一句话，记住每一个规定，然后……去抓别人的小毛病！例如：

"老师说要坐在小球的上面，可是他坐在了前面。"

"老师，他刚刚说他喝完水了，可是他没有喝完。"

"老师，有人玩具没有收好，他放错位置了。"

我对她说："小优你可以先玩自己的，一直看别人，你都没有玩呢！"她倒是回我："没关系，我可以当老师的小帮手。"

有时连外籍老师都会忍不住对她说："管好你自己的事（Mind your own business）！"

诸如此类的情况让她人缘很不好，她也不太在意，但给老师造成很大困扰。某天上课上到一半，我把她从教室里叫出来，她带着疑惑的表情站在我面前。

"你不用担心，你没做错事情，我只是想跟你聊一下。"

"好，可是不能聊太久，我要回去上课。"她真是个认真的孩子。

"为什么不能聊太久啊？哇，你今天穿的裙子很漂亮！"

"没什么，我妈妈买的。"

闲聊一阵子后，我告诉她："你一会儿可以在这边玩，先不用进教室。"

"为什么？"

"我觉得其他小朋友需要休息一下，你也需要休息一下。"她露出不解的表情。

"你表现得很好，多次得到老师的肯定，还能指出别人的错误。但是其他小朋友也需要表现的机会，你这样一直看着大家你也很累，所以我想让你休息一下，也给其他小朋友表现的机会。"

"可是……因为他们总是做错，所以我才要跟他们说。"

"小朋友犯了错，老师会帮他们纠正，这是老师的职责。"

"但是老师经常看不到，因此我才要帮老师的忙。"她是一个择善固执的人。

"这样好了，"我带着她来到办公室，拿给她一本有各种颜色的便条纸，"虽然你容易看到同学的错误，但是他们也需要有自己发现错误的机会，这个本给你，以后你看到同学犯错，就翻一张，但是不可以讲出来，也不能告诉老师，让他们自己有发现错误的机会，好吗？"

这听上去是个有趣的游戏，于是小优答应了。当她翻完一本便条纸时，我又给了她一本新的。一个学期下来，她一共翻了十五本。

学期末，我把她叫到办公室，一起"检视成果"。

"你看，你翻了这么多本！"

"哇！有这么多人犯错呢！"她的表情有些惊讶。

"是啊，你提醒我看到了他们犯错，但是你都没有说出来，让大家自己去发现错误，现在大家都很棒！"

"真的啊？"

"是啊，可是如果你把这些错误讲出来，大家可能都会很难过。你想想，如果我讲了你这么多缺点，你会怎么样呢？"

"那我可能会活不下去了。"超级小大人的回答。

通过这些便条本子，小优一下子看到自己发现了这么多错误，似乎也很震撼。

我告诉她，下个学期我不会再给她本子，而是让她试着把错误记在心里，同样不要讲出来："如果你不说，就是给他们机会自我修正，是帮助他们，好吗？"她同意了。

某一天，和老师们开完会不久，小优跑过来对我说："Grace，我受不了了，小洁在你们开会的时候一直站起来玩，我看到五次了！"一个小时不到，她忍了五次，也算是很不容易了。"好，你真的很棒，她这么顽皮你还给她面子，好，我等一下会去跟她说，谢谢你。"

学期末表演节目时，我们等所有大班的同学吃完午餐，就开始准备化妆，可能感觉时间要来不及了，小优就说："老师，她吃得好慢……"

我笑着说："你自己的吃完了吗？"

小优："哦，好，让她自己吃……我知道了。"

我想她已经明白了我的意思，并且越来越懂得包容同学的"错误"了。

Grace 老师的教育智慧

让孩子自己意识到其行为带来的影响，
比直接纠正更有用

过度热心的孩子，在"正义感"和"管太多"之间往往不知道怎么拿捏，因此我们要帮助他们，同时还必须顾及他们的自尊心，毕竟他们的出发点是好的。

在小优这个案例上，我相信她的出发点是好的，但她不知道自己给老师和其他小朋友造成了困扰。我先通过一些小技巧转移她关注的方式，从"告诉老师"变成"翻便条纸"，让她有宣泄的途径，又不至于影响他人。学期末，当她见到自己的"成果"时是震惊的，有了眼前的"证据"，她才真正意识到自己原来做了这么多"纠正别人的事"。接下来，我再跟她讨论做法，如此才能使沟通更有效。

"给别人自己改过的机会，比直接纠正他更好"是我给她的"解药"。小优希望每个人都能按照她的标准，跟她一样"好"、一样"乖"，我们无法期望这个年纪的孩子能站在别人的立场思考事情，但至少可以告诉她放慢脚步，去等待别人。

通过这个案例，我想特别来谈谈"小孩警察"这件事。一些早熟的孩子，学习能力发展得快，除了父母及其他长辈会教给他们很多事，他们自己也会通过观察和学习，成为懂得很多的"小大人"。不知道大家是否发现，大人在日常生活中都是按同一个步骤做事情，偶尔没有按常规步骤做事，孩子马上就会纠正，告诉你不应该这样，而应该如何如何。

和小优妈妈谈话的时候，她告诉我："小优在家就像个小大人，对爸爸管东管西，总有她自己的一套说法，我们常常拿她无可奈何。"我想，小优的妈妈在说这句话时，除了对女儿的无可奈何，还包含着对她的"过度宠爱"。

　　大人和小孩毕竟是不同的，而设定这个界限的人，绝对是大人！父母为了尊重孩子，把自己和孩子放在平等的位置上，从而模糊了大人和孩子之间的界限，这不仅会在管教上给父母带来困扰，还会使孩子在面对外部世界时有不恰当的言谈举止。

　　父母一定要让孩子明白："我可以给你自由的空间，但空间有多大由我决定，而不是你！因为你是小孩，我是大人。"

07

为了玩游戏，不顾一切
打乱有规律的作息，该怎么办

大部分男孩总是顽皮得让人头疼，容易被家长和老师"关注"。对于顽皮的孩子我从不伤脑筋，因为这是他们的天性，是自然的、可爱的；反而是安静内向的孩子，家长习惯了他们乖巧听话的样子，容易忽略他们成长中的变化，等到发现时已很难改变。

·案例·　　当"草食男"变成"小猛兽"

乔乔是学校里比较少有的乖宝宝。他的个性相当温和，甚至有些内向，说话的声音像小猫的叫声，我们都猜他长大后，应该就是"草食男"那一类的男生，好担心他会被女生欺负。

平时上课时，得要老师点名然后鼓励一番，他才会大声发言，乖巧的乔乔就一直这样安安静静地上完了中班和大班。没想到，小学一年级那个暑假，由于"破关"这件事他性格大变……

一年级开学后的头一两天，乔乔天天吵着不想上学，每天都哭得像个泪人儿似的来到学校，下午又心不甘情不愿地到安亲班（相当于托管班）里。小孩对新的作息时间需要一个适应的过程，因此学校和妈妈商量之后，决定采取鼓励的策略，因为大家认为这个乖巧的孩子一定很快就能接受大人的安排。

一个星期之后，乔乔果真慢慢改变了态度，但不是适应的妥协，而是更加激烈的反抗。他发现白天上学没办法逃避，就开始激烈抗拒下午的安亲班课程，从一开始的默默哀求到后来的怒哭、狂叫，表现出强烈的反抗，那种从未在乔乔身上看到的暴躁情绪将妈妈和老师吓得不知所措。

后来，我们又发现，乔乔每个星期二、星期四，也就是妈妈晚上去做义工的时候，会闹得比平时还严重。

"在安亲班有同学欺负你吗？"

"没有！"

"你不喜欢老师？"

"喜欢。"

"那为什么不想来呢？"

"我就是想待在家里。"

老师的关心、慰问不起作用，妈妈一度想放弃让他来上安亲班，但直觉告诉我这中间一定有很大的问题，于是我让妈妈允许我再跟乔乔谈一谈。

星期四下午，接小朋友的车子出发后二十分钟，我接到一个意料之中的电话。"Grace，你快来吧，乔乔又开始了！"电话那一头，传来老师无奈的声音。

"好，我马上过去。"我跳上出租车，迅速赶往那里。

出租车门一开，我就听到了巨大的哭吼声："不要……不要去……我、要、回、家！"若非亲眼见到乔乔失控的样子，我很难相信一向乖巧温和的他，竟然真的像其他老师所描述的那样，不顾一切地躺在地上打滚、嘶吼、拳打脚踢，攻击每个想靠近他的人。走下出租车的那一刹那，我偷偷地深吸一口气，以掩饰我的惊讶。

"乔乔，乔乔，你现在在干吗？"因为他在大哭中，所以我必须用比他更大的音量吸引他的注意。听见我的声音，他挥手的弧度变小，想必是很惊讶我怎么也来了。

"乔乔，你告诉我你在干什么呢？"

"我不要去安亲班，不要去，不要去！"

"你是不是不舒服，要不要我带你去医院看医生？躺在地上打滚，背很痛吧？有没有受伤呢？"

我先不回应他的抗议，而是用关心安抚他的情绪，让他知道我是来关心他的。

"没有，没有受伤。"

慢慢地，他稍微镇定地坐起来，于是我靠近他蹲下来，眼睛看着他。

"好了，站起来吧！有什么事可以说出来，你刚才的样子吓到我们了，我知道你从来不会这样的。"他站了起来，但不说话。

"你想回家是吗？"他点头。

"为什么？"他还是不说话。

"好！这样好了，你不想去安亲班可以说出来，让妈妈和老师知道原因，我们都可以帮你。现在，你先跟我回去，我会帮你跟妈妈说，但你不可以再在地上打滚，要好好讲。"

————— ●●●● —————

回到学校，我们来到沙发区坐下，我先倒了杯水给他，然后准备开始我们之间的一场理性的沟通。

"我知道你开学之后，前两个星期不想去上课，现在又不愿意上安亲班，你说你喜欢老师，但你为什么不想去呢？"

"因为爷爷、奶奶在家里。"

"爷爷、奶奶最近来家里住了？"

"不是，爷爷、奶奶一直住在家里。"哦……好的，爷爷、奶奶只是借口。

"乔乔，其实安亲班是可以退费的，但你必须告诉我你为什么要回家，这样我才可以帮你跟妈妈谈。"

"因为……我要过关。"哦哦！竟然，是为了打游戏！

"你说的是电子游戏的关卡吗？那是什么样的游戏？要怎么破关？"

好不容易问出原因，此时切忌开骂。既然破关是他现在最关心的事情，那我就得站在同理心的角度和他一起讨论问题。

"是打怪兽的，我现在过到七十关了，只要拿到宝物，就可以……"他开始描述他的游戏，神情跟刚刚的愤怒、沮丧完全不一样。他眉飞色舞地告诉我里面有什么怪兽、有什么宝物，以及只要他白天打三个小时，晚上再打三个小时就可以过几关，几天之后就能拿到宝物，计算得非常精准。

我一边听着他的叙述，一边在心里为他开好了"情绪生病"的药单。"好，我现在知道原因了，等下我会打电话给妈妈，让她带你回家，但是你必须答应我一件事。"

"什么事？"

"既然现在这件事对你来说是最重要的，那你要连续三天不吃东西、不喝水、不睡觉，一直到你破到一百关为止。"

"连续三天不吃东西、不喝水、不睡觉"，这在孩子的想象中是不可思议的，他们通常会下意识地抵抗。

"什么？我不要！"他露出非常吃惊的表情，估计没想到我会用这招吧。"你不是想要把所有的时间用去破关吗？这样子你才可以快点完成啊！"

"可是，吃饭跟睡觉是必须要做的啊！……"不错呀，还知道要吃饭、要睡觉。

"学习也是必须要做的，为什么就可以舍弃？既然破关很重要，那其他就都可以不要了。"

"不要……老师，我不想这样。"

"但是，你躺在地上拳打脚踢，不就是想一直打游戏吗？"

"我不这样啦！"

"要不，给你第二个选择，我们一起来做一个计划表，既能保证吃饭、睡觉跟学习，又能打游戏。"

"真的吗？"

既然他非做这件事不可，那么，与其阻止他，不如跟他站在一起，帮助他完成目标。

我帮他做了一个月的时间表，里面规划着每天上学、上安亲班的时间，吃饭、洗澡的时间，当然还有最重要的打游戏的时间，他每天可以打两个半小时，再加上假日的时间，估计到月底就能破到一百关。看到破关进度被具体地规划出来，他似乎非常满意。

"你看，你每天哭闹不来安亲班的这两个小时，最多也只能破两关，现在按这个时间表，你可以完成你该做的和你想做的，是不是很棒？"他开心地点点头。

"而且，你要知道游戏设计这么多关卡，就是要让你慢慢玩，而不是要你不吃不睡也不读书。"

"我知道了。"

达成作息计划，只是成功的第一步。为了预防他又突然失控，我还打电话告诉他妈妈我们协商的整个过程，并且教给她"要一直打就打到不吃不睡"这招，请她配合着使用。果然，一周后妈妈告诉我，乔乔的确发生过几次停不下来、不肯关机的状况，但只要跟他说"没关系，要继续打的话就打到明天早上，不准吃东西，不准睡觉"，他就会立刻关机，虽然很不情愿。

几个星期后，我关心地问他："怎么样，最近破到第几关了？"

"已经一百三十五关了！"

"哇，你好厉害，比我们预定的时间提前了。后面的怪兽是不是越来越可怕？"

"对啊，现在比较难破关了。"

"但你还是很厉害啊！而且，你依照着时间表破关，每件事情都做得很好，这样真的很棒！"

"对啊！"

"你要记住，你有喜欢做的事情是很好的，但是要对你喜欢的事情做好规划，不可以把原本该做的事情忽略掉，弄得乱七八槽。"

"好！"

又过了好一阵子，偶然在走廊上遇到他，我就问他："乔乔，最近在玩什么游戏？还是打怪兽那种吗？"

"没有，我觉得那个有点无聊了，我现在在玩一种日本的益智游戏……"

Grace 老师的教育智慧

教孩子学会规划时间

乔乔一直是个文静的孩子，却迷上了一个跟真实世界的他完全不搭的杀戮、打斗游戏。且不论这是他情绪的一个出口，还是他只是单纯着迷于游戏所带来的乐趣，事实都是他喜欢的这件事已经让他打乱了原来的生活。

孩子的自主意识会随着年龄的增长逐渐增强，为了自己当下想做的事情，他们不会考虑行为背后所要承担的后果，大人此时的角色就是那个让他预见后果的警告灯！

完全禁止的方式对已经上小学的乔乔来说是不适

合的。我让他选择可以不顾一切地完全只做他喜欢做的事，用"不吃不喝"的说法，让他想象生活全部被打乱的感受，他很聪明，一想就知道行不通。

接着，给他选择，提出计划，把作息与他希望的目标用时间表具体地呈现出来，有眼见为凭的直接"证据"，他就更容易理解了。

在处理这件事情时，我认为打游戏并不是不对的，没必要禁止，这恰好是一个教孩子如何规划时间的好时机。

大人在忙碌时偶尔让孩子自己玩是可以的，但无论是让他们打游戏还是看动画片，都要适度了解他们喜欢的东西。而且不要小看孩子对某些事情着迷的程度，对于喜欢的事物，他们很快就会陷入无法自拔的境地，稍不注意，你就会发现他们已严重偏离轨道。

当孩子的作息规律
偏离轨道时，你可以这样做

● ● ● ●

1. 和孩子一起商量"可以帮你做想做的事情，又不会让大人催促"的方法。

2. 协助他做出"作息表"，具体地呈现出他想做和必须做的事情的时间。

3. 对孩子来说，眼见为凭，这比任何说教都有效。

08

出现暴力行为，男孩告诉我：
"他不乖，我要惩罚他！"

我并不反对父母体罚孩子!

当下的父母们听到这句话,是否觉得老师很可怕,会打孩子……不,在学校里我们不会打孩子,而且,我从来不需要"动手",就能让小朋友们听话。

但并非每个爸妈都是 Grace 老师,而且,我知道很多在外面是乖宝宝、回家是小霸王的孩子的案例。适当的体罚,的确可以起到警示作用,但在处罚孩子时,一定要留意孩子的反应,并且思考两件事:这个处罚方式,真的有效果吗?这个处罚方式,是否会对孩子造成更不好的影响?

·案例·　　小聪明变小霸王

冠冠是个十分聪明、可爱，又人见人爱的孩子。他从小就集众多宠爱于一身，很多大人都喜欢逗他。两岁进到学校的小托管班时，他已经是很会说话、很懂得与人互动的孩子。

你经常可以见到他一脸轻松地与大人攀谈。"小优的妈妈，早安！""安妮老师，你结婚了吗？你有几个小孩啊？你老公下班会来接你吗？"……

老师们私下也笑着说，自己的私事都被这个小孩调查完了。当然，像这样的孩子，上课喜欢发言、偶尔不守规矩引人注意都是很自然的，冠冠就这样调皮捣蛋地一直上到了中班。渐渐地，老师们发现这个可爱的孩子，从自己的好动、顽皮转移到对别的小朋友动手动脚……

"冠冠打我""冠冠刚刚推我""冠冠……"小朋友们告状的次数越来越多。一天，冠冠在厕所把一个小朋友推倒了，受伤了，这次情况比较严重。但我忍住让他的老师来处理，而我只是在老师处罚他时，刻意经过走廊，对他说："你最近做的事情，我都知道，我希望你自己调整好，不要等到我找你谈。"这是一个警告，也是预告，让他知道，下一次就是我要处理了，希望他能自觉。

不出我所料，他乖了两天，就又忍不住开始"作乱"了……

全班上厕所的时候，他故意用水把一个同学泼得全身湿透，老师让他去教室外面罚站。我看见他站在走廊上，一会儿东张西望，一会儿转圈，一会儿又蹲下，自在得很，一点儿都不像被处罚不开心的样子，我决定亲自处理。

"为什么用水泼人？"

对这种聪明的孩子，就是要直接切入重点。

"我是帮老师看着他，他上完厕所没有冲水！"
"老师让你看着他了吗？"
"没有啊！可是他不听话，我要处罚他！"
"那上一次推莉莉呢？"
"因为她没有排队，所以我要处罚她！"

"处罚"重复说了两次，似乎是关键词了。

"好，你这么喜欢帮老师注意其他小朋友，那我让你帮我看着他们，但是，如果他们犯错，你只需记下来，然后告诉我，不可以自己动手！"他低着头不说话，我只好继续说，"如果你自己动手的话，你怎么推他们，我就怎么推你，你知道我的力气比你大，可能会让你受伤，但是如果你受伤了，我会帮你叫救护车，所以不用怕。"

第一次的对话结束，这只是一个开始，我知道他心里还是不服的，很快会再犯。果然，当天下课后，我就接到老师的电话……根据描述，当时同学们依序下楼时，先是听见冠冠大喊几声："小艾，老师说要排队……要排队！"接着，他就推了同学一把，幸好老师就站在下方一把接住了，否则就得送医院。因为是放学时间，老师见到他妈妈也直接跟他妈妈讲了刚才发生的事情。

----••◆◆▶▶----

第二天一早，我知道冠冠的妈妈会送他来上课，便很早就在校门口等他们。冠冠的妈妈是个很温柔又客气的家长，一见到我马上道歉，并表示昨天晚上爸爸已经重重地处罚他了。

我很早就知道冠冠的爸爸会体罚他，看见他今天不怎么说话、落寞的样子，我就想看来昨晚真的被"重重处罚"了。进到教室后，冠冠表现得比平时安静，跟同学互动也不像平时那么积极了，表面上看起来乖乖的，但小动作频频，喝个水踩到同学，马上说"对不起"；睡午觉前把别人的鞋子踢走，再举手跟老师说："老师，他的鞋子没有放好！"

"我今天看到你故意踩别人，丢人家的鞋子。"他应该知道我找他的目的，我把他叫到办公室后，一样采取直接"进攻"的方式。

"我要处罚他！"还是同样的说辞。

"你昨天被爸爸处罚了吗？"他不说话。

"你可以跟我说吗？不然我就得自己去问爸爸了。"

"不要问他！因为我不乖，所以被打了。"提到爸爸，他有点紧张。

"打的哪里？"

"……就乱打。"想必是全身都被打了。

"那么，你觉得你推同学，对吗？"我想听听他真正的想法。

"没什么不对。我是在处罚他们。"

"上次我们不是说过，如果你认为别人做错了，你可以说出来。"

"我说了呀！"

"你没有说出来，你只是在心里说的，然后就像爸爸打你一样打别人吗？"

他沉默。

"爸爸是怎么打你的？"

"吃饭吃到一半，妈妈说我在学校不乖，爸爸就把我抓起来打……"

"你很不喜欢爸爸这样突然打你，对吗？"

他看了我一眼，说："我讨厌爸爸这样打我。"

"你生气了？"

"对，因为我打不过爸爸，所以我生气！"

"对，我知道你不喜欢，但是你做了同样的事情，让其他小朋友也不喜欢。你看到别人犯错，可以说出来，但是你动手了。"他的脸上依然是不服气的表情。

"爸爸假日会带你出去玩吗？"

"会啊！"他抬头看了我一眼，对我突然问这个感觉很惊讶。

"你平时很乖的时候，他会突然打你吗？"

"不会啊！"

"你知道吗？这表明爸爸很爱你，因此他虽然平常很忙、很累，但假日还是会带你出去玩。他知道你不乖，因为平时太忙没办法讲很多，所以就打了你。"

虽然我不赞成他爸爸处罚他的方式，但这时候我必须帮爸爸说话，说明爸爸打他的原因和爱他的事实，以解开他的心结。

"上次我请你帮我记下犯错的同学，你记了吗？"

"记了。"接着，他开始描述他看到哪个同学不乖，谁在什么时间做了不该做的事情，我拿出笔记本，一边煞有介事地记录，一边点着头。

"很好，谢谢你，冠冠。"见他情绪缓和了，我想到了该纠正他的好时机了。

"冠冠，你是个守规矩的孩子，但最近却因为守规矩而没做好自己的事情，还被爸爸打，你觉得这样好吗？"

对聪明的孩子，就要用成熟一点的沟通方式，让他自己来思考。

"我想请你继续帮我做'秘密任务'，但是你必须用正确的方式，就是记下来然后告诉我，而不是自己动手。如果你再动手，我就要取消你做'秘密任务'的资格，好吗？"他答应我了。

———————— ●●●● ————————

一周后，我发现他不再对同学动手，便告诉他"秘密任务"的下一个阶段，就是看到同学犯错直接告诉老师。那几天，他四处找老师告状，人缘也变得特别不好。又过了一周，我把他找来："'秘密任务'要进入第三个阶段了，我要你从记录其他小朋友的过错变成记录自己的，看自己一天不守规矩几次，你必须都记下来。"

当天下课之前，我又去找他。

"怎么样，你今天做记录了吗？"

"做了！我上课的时候玩铅笔，游戏时间结束时没有把玩具收好被老师骂……"

"这样啊！那希望你明天可以改进，管好你自己，让每天的错误记录有所减少，好吗？"小家伙点点头，我想，我们总算达成协议了。

我让他把关注别人的心思放到自己身上，主动约束自己，通过与他多次达成协议一次次修正他的行为。我在第二次和冠冠聊过之后，也打了电话与冠冠的妈妈深谈，希望妈妈能够跟爸爸沟通。事实上，冠冠对爸爸很敬爱，但爸爸打他给他造成的压力已经让他无法消解，累积之下，他就把这种压力转移到其他同学身上。经过双管齐下的沟通，冠冠虽然还是很调皮捣蛋，但不再是那个会欺负同学的孩子了。

Grace 老师的教育智慧

不得不体罚孩子时，要用正确的方式

可以体罚孩子，但是不能毫无章法。

冠冠的妈妈拿这个顽皮的孩子毫无办法，于是求助于爸爸。爸爸的体罚方式虽然让孩子因害怕而承认了错误，但冠冠的心里是不服的，这种巨大的压力和不平的怨气，让他有了等待别人犯错，然后可以跟爸爸一样去处罚别人的行为和心理。

心里有不平的怨气，就用别人不守规矩这样的理由来处罚别人，有这种心态的孩子，其将来的成长是很让人担忧的。

前面我说过，我并不反对父母体罚孩子，但必须用正确的方式。父母至少应该做到这几件事：

1. 选择恰当的时机，或预告他何时要跟他谈话。

2. 告诉孩子要打他的原因，以及你会打几下、打哪里（建议打屁股，肉多、不容易受伤）。

3. 处罚结束后，告诉他你打他只是因为这个行为，你对他的爱并没有改变。

4. 孩子该做的事情的时间和你该照顾他的时间不变。

5. 最后，睡前抱抱孩子。

请试想一下，当你在吃饭、看电视，处于一个轻松的心理状态时，突然有人冲过来对你大骂，然后打你，而且不知道要被怎么打、打多久……那么，这种突如其来的惊慌和恐惧，一般大人都难以承受，更何况是孩子呢？

"再不听话，妈妈会打你的手心！""因为你不听话，所以我现在要打你的屁股，打三下！"这样的预告，或许不会达到吓阻的作用，也不一定会让孩子停止你不希望他做的动作，但这个事先的警告，能够让他的行为与接下来的处罚有个连接，更重要的是，不会让他从原本的好心情突然一百八十度大转变接受爸妈发怒的情绪，以此避免给孩子带来心理上的极度恐慌。

我有一位好朋友，她也是会体罚孩子的妈妈，但她告诉我她体罚孩子时，会依照我告诉她的方式：先警告、预告打几下、事后沟通与抱抱。这样的方式，能够有效地减少孩子的错误行为，而且，能使孩子自信又乐观！

她不是爱生闷气，
只是情绪卡关，找不到出口

学龄前是孩子学习语言、调整情绪的关键期。有的孩子天生表达能力强，父母与其沟通就会比较容易；面对不爱说话，无论怎么问都不回答的孩子，父母该怎么办呢？

· 案例 ·　　找不到情绪的出口

四岁的萱萱是个很少说话的孩子。刚进小班的时候，从她的表情和观察周围的眼神，就能看出她比较倔强、个性孤傲，沟通上得多顺着她的意愿和节奏慢慢来，她才愿意配合。原本觉得这只是刚开学还不太适应，但慢慢地老师们发现，萱萱对妈妈或对老师说的话，很少会有立即性的反应，似乎都持有疑虑，总是会想一想，然后用点头或摇头表达，而这样的状况并没有随着年龄与习得知识的增加而改善。

中班开学那天，妈妈特别跟老师说道："萱萱好像越来越难相处，整个暑假带她出去玩，都很难带！不是这个不要，就是那个不可以，问她要什么她也不说，我真的搞不懂她到底在想什么。"

开始上课后，她"沉默"的情况变得更严重了，有时一整天都说不了三句话，只用点头、摇头表达自己的意愿。当老师把这个状况反映给我的时候，我在巡课时特别观察了她。这孩子在课堂上，俨然把自己当成了一个局外人，偶尔会注意老师、看看发言的同学，但从不主动参与，大部分的时间都处于自己的小世界中。对于这种没有犯错而又需要谈谈的孩子，要等待机会才行。

————— ◄◄►► —————

机会来了！学期中的表演日即将来临，学校会要求这几天小朋友们早点到学校进行练习，也因为这样，小朋友们的作息在这几天都会稍作调整。那天，我一到学校，远远在走廊就看到一个小女孩，莽莽撞撞地从厕所走出来，又沿着墙壁摸到洗手台洗手，经过询问才知道是怎么回事。

早上，萱萱的妈妈一如往常地将她送到学校。萱萱下车后，嘟着嘴生气地站在门口，妈妈边叹气边解释："最近早餐吃了太多巧克力吐司，今天我就买了别的早餐给她，她不高兴了，开始耍脾气。真是个固执的孩子！"不管妈妈跟老师怎么说，她就是不动，最后，老师只得先请妈妈回去，再自己把她抱进学校，而萱萱可没这么容易屈服。

被老师抱着的路上她先是小小挣扎了一番，到了教室门口，她发现自己抵抗无效，干脆就闭上了眼睛。老师说："她从上楼梯就开始闭着眼睛摸上来，进教室、拿书包、喝水都是这样，跟她说这样走路很危险，让她用别的方法生气也不肯。"

闭着眼睛发脾气，也算是很有创意的做法了！

我走向刚洗好手的她，故意忽略她闭上眼睛的事情，说："哇！你洗手的时候把衣服都弄湿了。我带你去换一件衣服好吗？"她没回答，也没有反抗我牵住她的手，于是我就直接把她拉走。换衣服的过程中，虽然她仍坚持闭着眼睛，但我让她把手搭在我的肩上以防跌倒，她也都乖乖配合。完成换装后，我又说："听说你今天一整天都是闭着眼睛上课、走路、上厕所，我觉得你好厉害，竟然可以闭着眼睛做这么多事，那等下吃午餐的时候，你也闭着眼睛吃吧！今天一整天都要闭着眼睛喔！"听到我这么说，她突然睁开眼睛，怒视着我，她知道我是故意激她。

"萱萱，你这样看我很没礼貌，不要这个样子。"

她低下头，不说话。

"我知道你在生气，你可以生气，但我想知道你是因为妈妈没有买巧克力吐司生气，还是因为你真的很想很想吃巧克力吐司。"

知道她生气了，我直接点破她的问题，不需要说服她别生气，也千万不能用讽刺的方式刺激她。

她仍然不肯开口。

"你一定要告诉我你生气的原因，不然我真的猜不到。是因为妈妈没有买你想吃的巧克力吐司，所以生气吗？"她点头了。

"好，那我知道你生气的原因了。生气的时候要讲出来，这样大人才知道你为什么生气。"她的表情开始缓和了。

告诉她正确的做法：把生气的原因讲出来。

我继续说道："你喜欢吃巧克力吐司，妈妈平时会给你买吗？"她点头。

"你看，妈妈平常会买给你吃，只是今天没有买而已，之后还是会买，对吗？"她依然没有任何表情和回答，我只好继续唱独角戏，"我知道你还在生气，不想说话没关系，不过，下次可以不用这样生气，你可以讲出来。"

看到她情绪缓和下来了，我就带着她走到教室门口，让她进行选择："小朋友来学校，每天都是上课、吃中饭、午睡、玩游戏，然后就可以回家了。现在大家都在准备午睡，你是继续在这边生气，还是要跟大家去睡午觉？"她没反应，我重复了一遍："你想要跟大家一样去午睡，还是继续在这边生气？不睡午觉，就不能吃点心，不能玩，也不能回家了。"

我一直重复问了三次，她才缓缓地举起手，指向教室。"好，你的选择很棒，但下次不可以想这么久，而且要用嘴巴说出来。"

在这个过程中，我一直提醒她把生气的原因讲出来。

下午的点心时间过后，我又到教室看她，见她独自一人低着头在教室里绕圈圈，老师说："她刚刚吃点心吃太慢，我跟她说，不吃快一点游戏时间就会变少，因此在不高兴吧！"

小女孩又陷入了生气的圈圈里，我走到她身旁，不问她生气的事情，只是说："吃完点心要洗手喔！"带她去洗好手之后，我又对她说："上午我们练习做选择，现在，你再选一次，是站在这边生气，还是进去跟大家一起收拾书包？"她又沉默了，我接着说："我早上说过，要快点决定，如果你现在不决定，我就

打电话跟妈妈说请她晚点来，等你生完气，收好书包，再来接你。"她再次举起手指向教室。

我感觉到她反应、应答变快了，我知道她能接受我的沟通，所以趁机给她更多讯息："好，但是我要告诉你，刚刚是因为你自己吃点心吃太慢，所以时间才会变少，老师并没有错。你下次只要吃快一点点就可以多玩一会儿，今天是你第二次生了不必要的气，你知道吗？记住我说的，生气的时候要讲出来。"

这一次，她很快对我点点头。

沟通的过程中，仍然要把是非对错告诉孩子，不能让他们觉得谁让自己不开心，就是谁的错。

之后，我打电话给萱萱妈妈，简单说明了"巧克力吐司事件"的整个处理过程，建议她之后等萱萱再闹情绪的时候，可以试着给她提供选择，协助她摆脱不良情绪。

隔了一周，我偶然在校门口遇到了萱萱妈妈，她很开心地跟我说这一招很好用，她说："那天没煮她喜欢吃的猪肉丸子，做了猪肉片，她又开始生气不吃饭，后来，我把猪肉片切碎，问她选择继续生气，还是选择快点吃完饭，然后晚一点洗澡就可以多玩十分钟水！她想了一下，就说她要吃饭。"

Grace 老师的教育智慧

爱发脾气的孩子不是"难搞"，
他只是"搞不定自己"

成熟的大人，在遇到情绪压力，心情低落的时候，都需要找朋友聊聊，找专家开导，更何况是还不知道如何表达自己的孩子。

孩子表达情绪的方式很直接，喜欢就笑，不喜欢就哭闹、生气，大人们需要做的，并不是阻止他们生气，而是协助他们突破情绪的关卡，让他们知道，除了哭闹、生气，还可以做什么选择，并且，可以用什么方式不再让生气的事情发生。

萱萱让人伤脑筋的是，她生气时会"关上门"不说话，而且"卡关"的时间也比较久。例如妈妈说的"猪肉丸子"事件，萱萱并不是真的非吃猪肉丸子不可，只是见到的"猪肉片"不符合她的预期，就产生了情绪，而她并不知道该如何表达并处理这种情绪，所以卡住了。妈妈很聪明地用了别的方式，先帮她突破情绪的关卡："如果不生气，快吃饭，洗澡就可以玩水玩久一点儿。"让孩子知道，只要她忽略掉一些不开心的小事情，就可以选择做她喜欢的事。

　　此外，容易被情绪卡关的孩子，对于接受新事物或进行生活程序上的调整，也比一般孩子更需要花时间沟通。每次遇到新的事情，必须像更新计算机软件一样，给他们一点时间让他们在脑子里过一下。

　　再举个例子，当孩子们知道学期中要表演跳舞节目时，大部分孩子都会兴奋地接受，并跟着进行练习，但萱萱在现场是静止的，她安静地站在一旁看着大家，看上去会以为她不想跳舞，不愿意配合。

　　我特别过去跟她说明："跳舞练习，现在跟平常上学、吃午饭、午睡一样，都是每天到学校要做的事情，只有练习了，才可以表演给妈妈看。你想表演给妈妈看吗？"这时，她才愿意走到同学中间，虽然动作小小的，但她的确做了，可见她并不是排斥"跳舞"，不是不愿意接受，而是她需要时间和理由来理解和适应这样的新事物。

10

看到喜欢的东西，
就忍不住放进自己的包里

孩子有"顺手牵羊"的行为,是令许多父母头痛的事情之一。如果大人没有及时让孩子明白"偷窃"的严重性,他们再犯的概率会很高。

·案例· 习惯拿走不属于自己的东西

某个学期,开始听到老师说东西不见了,因为都是一些小文具也就没有特别留意。后来又有老师说准备奖励给学生的小奖品不见了,接着有同学说自己带来的玩具、小发夹不见了,而且频率越来越高,这让老师们开始警觉,注意观察,不久,锁定了目标人物小咪。

星期五的"展示和讲述"时间,我们会请小朋友带着心爱的东西到学校,轮流介绍给大家。那天饭后大家排队上厕所,小咪跟老师说天气冷,要回教室拿外套。老师跟在她的后面,果然看到她在教室里翻了几个同学的书包,拿走东西;老师放在桌上的小贴纸,她也顺手拿走了。于是,可以判定这个学期的失窃事件跟这小妮子有关。

发现孩子有偷窃行为,第一时间的处理方式一定是私下找来谈谈,引导她回归正轨,绝对不能在众人面前拆穿她,否则,可能会让她长期背负着"小偷"的骂名，即使有悔改的心意，也很难改变在同学们心中的形象，严重的话会成为孩子一辈子的阴影。

　　老师找来小咪，告诉她："这些物品是给表现好的孩子的，只要你表现很棒，就可以得到，但是，不可以自己拿。在家里也是一样，表现好爸妈也会奖励你，想要什么都要先跟爸妈说才行。"与小咪沟通过后，我们把这件事情告知她的妈妈，妈妈却告诉我们："我没想到她在学校里也这样！在家里，明明什么东西我都买两份，但她还是会去偷拿姐姐的……老师，你可以打她，抓到就打她！"我问："你已经因为这件事情打过她了吗？"妈妈说："是啊，我打过她好多次，但就是不听！"我心想：那就表明打的方式没有用，得想想别的办法……

经过这次开导，我们观察到小咪的行为并没有因此而收敛，她好像认为反正老师已经知道了，就可以更大胆地拿了。那天，一位小朋友的红色发夹不见了，她着急地找老师哭诉，趁着同学们上洗手间的时候，老师翻开了小咪的书包，果然在里面发现了发夹。而前几天，小咪的妈妈才带着几支蜡笔到学校，又气又抱歉地说："我在她书包里发现这个，这几支笔不是我买给她的，我知道一定是老师的，我已经打了她一顿，真的很抱歉……"

当老师告诉我，她在小咪的书包里找到发夹后，我感觉时机到了，必须利用这个机会让她正视问题。我请老师先不要拿走小咪书包里的发夹，另外，再准备一盒新水彩，盒子内外和里面的每一支水彩都用奇异笔涂上相应的颜色，然后放到教室的讲台上最显眼的地方。

中午用餐时，小咪告诉老师要到教室拿水壶喝水，老师悄悄跟在她的后面，见到她一进教室便跑到讲桌前，翻开盒子，拿走了几支水彩放进自己的书包。老师不动声色地回到餐厅，对我无奈地点了点头，暗示我她把水彩拿走了。

———— •••• ————

吃完饭，大家一起去洗手刷牙时，小咪卖力地洗着自己手上沾满的颜料，一直到老师喊大家进教室，她才发现颜色怎么洗都洗不掉了，她焦急不安的表情完全藏不住了。直到午休躺下，小咪的两只手还一直藏在被子里，整个人不时地翻来翻去，我知道她很紧张、很害怕，但她做了这么多不对的事情，这时候的煎熬是必须让她承受的。

午休后的美术课，我走进教室，向同学们宣布："听说今天你们班要上剪纸课，不过，我买了一盒新的水彩，因此我们要把剪纸课改成水彩课，大家一起来画画。"听到有新的水彩可以玩，孩子们开心地欢呼几声，小咪却相当惊讶地看着我，我没有避开她的眼神，对着她微笑，我想，她应该明白我知道了些什么。接着，我和老师一面把水彩发下去，一面告诉大家："今天我们的画画课要画叶子，但不是用笔，而是用手来画。"我一面示范一面说："大家一起跟着我，把手涂上喜欢的水彩颜色，然后盖在图画纸上……"说完这句话，我见到小咪马上落泪了。

当所有的小朋友把颜料沾满双手，欢呼雀跃地要尝试这种全新的画画方式时，只有小咪，在自己的位置上哭了起来。

我走过去问她："怎么了？"

"老师，她不想画画啦！她哭了。"旁边的小男孩搭腔。

"你想剪纸，不想画画吗？"我问。

她点点头说："要画画……"

"那为什么哭了呢？"

"对……对不起……"

在她控制不住要大哭之前，我把她带到办公室。

————————●●●●————————

"能告诉我为什么哭吗？"

"对不起……"

"告诉我你对不起什么？"

"我……"

"你什么都可以跟我说，我保证不会生气！"

给她信心，是希望她能够自己把事情说出来。

她看了看我，眼睛瞟向地板，说："我……我偷了东西……"

"你偷了什么呢？"

"水彩……"

"偷了几支呢？"

"五支。"

"嗯，我明白了。过一会儿有一个点心时间，大家都会离开教室，你可以在那时候把水彩和其他东西放回去吗？"

她抬起头，惊讶又紧张地看着我。

"对，水彩跟其他东西。"

她点头表示同意，她知道我说的是早上不见的发夹，我继续说："你能告诉我，你为什么会偷东西吗？"

"我喜欢那个……"声音小小的，但她还是很勇敢地回答了。

"嗯，我们喜欢的东西很多，但是，不可以拿别人的呀！"

"我不知道我为什么会去拿……"

"你知道，是你的大脑告诉你去拿，你可以控制你的大脑的。"

我停顿了一会儿，好让她思考我的话，接着又说："你清楚老师已经知道你会偷同学的东西，但还继续偷，你这是在挑战老师，以后你要挑战的人就是警察了，你知道吗？"

虽然她知道自己的行为不对，却说无法控制自己。这时，可以直接点破她，她不是自己没办法控制，只是需要大人告诉她方法。

她低着头，不做任何表示。

"你不说话，就表示你会再偷东西是吗？"

"……"

"你是不是不服气妈妈打你？"

"不是。"她马上抬起头，"我偷东西不对，妈妈才会打我。"

"待会儿我会帮你把手上的颜料洗掉，但你要记住一件事情，那就是以后，只要你又偷了东西，你的手上就会沾上颜色，那是别人都看不到而只有我看得到的颜色，而且，我也会教妈妈怎么看。"

"真的吗？"听我这么说，她的眼神里充满不可思议的惊讶。

"真的，而且现在是只有我看得到，但久而久之，如果你一直偷，颜色就会越来越深，到时候所有人都会看到了，你希望大家都看到吗？"

"不要，我不要……"

"好，你要试着以后看到喜欢但不是自己的东西时，不再去拿。"

最后，她仍然没有回答我，但我决定还是要给她机会再试试，而就在那次之后的两个多星期，我都没有再听到老师提过东西弄丢的事情。

某一天，我主动去找她聊天。

"昨天小莉带来学校的小熊吊饰你喜欢吗？"

"喜欢。"

"嗯，很漂亮对吗？我也很喜欢，但如果你真的很想拥有，我可以教你方法。如果你表现好，或者帮妈妈洗碗、做家务，也许我们可以一起请妈妈给你奖励。"

"嗯……"

"还有啊，其实很多东西都很漂亮，但我们不一定都要喜欢，喜欢的话，也不一定都要带回家……"

"我知道。"

Grace 老师的教育智慧

帮孩子建立"物品所有权"的观念

帮助孩子建立"物品所有权"的观念，的确不是一件容易的事。从孩子一两岁开始有抢夺的行为时，父母就要及时帮他建立物权观念，慢慢告诉他：

1. 什么是自己的，什么是别人的。

2. 要拿别人的东西，一定要经过对方同意；同样地，父母要拿孩子的东西，也必须经过他的同意，这也是从生活中帮孩子建立"尊重"的概念。

7 种方法教孩子建立"物品所有权"观念

1. 轮流游戏

通常孩子拿走别人的东西，有可能是他只考虑到了自己的需求。此时，教导孩子建立轮流、借用的观念是很有必要的。

你可以这样做——

通常我会请老师用打击乐器三角铁或手摇铃来提醒小孩轮流的时间，因为小孩在玩儿时是很专注的，所以对他说"当长针走到五的时候，你才可以玩，现在先给谁谁谁玩"是行不通的。小孩在玩时不会去看长针到了哪儿，因此必须有更明确的提醒。

2. 学会"等待的方法"

孩子想要的东西马上就想得到，因此要教给他"等待的方法"，还要告诉他：除了自己想要的东西，还有其他东西的存在，不能执着地想要占有。

你可以这样说——

"姐姐跟你一样要用粉红色，你要先问她可不可以画完了再借给你！同样地，你画完再借给下一个要用粉红色的人。""在等粉红色蜡笔时，你可以先用蜡笔盒里其他的颜色。"

3. 制定规矩——好奇时，开口问才有礼貌

给孩子规定什么东西是可以拿的，什么是不可以拿的。尤其是在公共场所或别人家里，孩子对不属于自己的东西产生好奇心时要先问大人。

教孩子说——

"请问我可以拿起来看吗？"同时，教导孩子要得到主人的同意。主人会同意，也会不同意，告诉孩子这样叫作尊重别人。

4. 可以说出来商量

亲子间的沟通是很重要的，父母若是能够尊重孩子，孩子就能学会尊重自己和他人。当父母发现孩子拿（偷）别人东西时，应先了解其动机，接着通过沟通了解孩子内心的想法，并鼓励他说出事情的缘由，先纠正其观念上的偏差和不良行为，再处罚。

你可以这样做——

孩子也许不太了解为什么看到喜欢的东西不能拿，这时候家长可以问孩子："可以让我看看你喜欢的是什么吗？"亲子之间任何事都是可以通过"说话"来商量的。

5. 拿（偷）东西未必要打，但是要付出相同的代价

当孩子有不恰当的行为时，父母可以减少他平时的玩乐时间，或让孩子选择放弃一样他很珍爱的物品，

让他体验一下失去喜爱的东西的感受，这也是同理心的培养。

6. 把东西（放）还回去

当孩子拿（偷）了别人的东西时，物归原主是很重要的。父母可以陪同孩子一起归还，陪同他面对并弥补这个过错。

7. 不要用哄骗来承诺孩子

当孩子抢夺别人东西的时候，父母很容易会说："你先把东西还给别人，以后妈妈再买给你。"然后说完就忘了，孩子的期望落空后，会渐渐不再相信父母的话，而变成自己的处理方式（去偷）。因此，息事宁人的承诺要避免。

11

告诉孩子"专心"，
不如教他"如何专心"

"学习"是孩子从婴儿时期开始就不断在进行的行为，而孩子的"学习习惯"则是在父母后天创造的环境中渐渐养成的。近年来的亲子教育，除鼓励父母带着孩子接触大自然外，也开始强调"亲子共读"的重要性，父母千万不要小看绘本的影响力，它除了可以启发孩子的想象力与创造力，还能培养孩子健全的人格、进行"专注力"与"思考"的训练。

当今科技发达，学习方式也变得多样化，父母们发现现在的孩子比以前的孩子更聪明、反应更快。从事幼儿教学以来，我明显感觉到，孩子们越来越难"哄"，听得懂道理的年龄也变小了。不过，近四五年来，我发现孩子们在"专注力"与"观察力"方面出现问题的概率在逐年增加。不可否认，孩子上课时偶尔都会发发呆，但多数在老师一喊名字后，就会马上回神，把专注力放到老师正在说的事情上面，但我现在要讲的是比较棘手的一个案例。

·案例一· 知道如何专注

佑佑在小班时来到学校，进入中班后要学习的课程开始增加。他的班主任和我却发现，佑佑不只上课的时候无法把焦点放在老师身上，就连游戏时间也经常放空，像是处在一个与外界隔离的状态，总能听到老师一直在喊他的名字。

为了随时观察佑佑的注意力，老师把他调到离自己最近的位置，让他坐在自己的旁边。老师一面指着他的课本，一面念给大家听，当老师念到一个段落，让其他小朋友发表想法后，再回来问他，没想到就算坐在老师旁边，他的思绪依然飘走了。

通过老师和家长沟通得知，佑佑平时是由爷爷、奶奶陪伴的，家里也没有玩伴，大多数的时间都是跟着爷爷一起看电视，很少与人互动。长期下来，我们发现佑佑对外界的事物很少会有立即的反应，经常处于没听到、不理会或失焦的状态，就算把他拉回来，他也很难马上跟大家进行互动。这件事让老师们很头疼，我也一直在思考要如何帮助他。

我每天先抽出一个小时的时间到他的班上，跟他一起坐在教室后面，陪着他上课。一开始，我会一直问他："老师现在讲到哪儿了？"有的时候他答不出来，我会提示他。

"是鸟吗？"他点头。

"要讲出来。"

"是小鸟。"

"嗯，鸟飞出去了吗？"

"对，飞出去了。"

当轮到另一个同学讲话时，我又问他："现在是谁在说话？"

他指向说话的人。"对，现在你要注意他，任何声音都是有意义的，听到不一样的声音，你要去确认它的来源，听听看那是什么。"

我的声音，就像一条线拉住他的注意力，在他即将飘走的时候，先把他拉回来；也像是一个方向盘，帮他开往应该注意的地方。

我不可能一直跟着他上课，一周之后情况稳定后，我决定把"专注力的主控权"交还给他，但那条拉住他的线还不能放掉。

我用厚纸板做了一个话筒给他，教他在上课的时候，听到谁在讲话，就把话筒转向发出声音的方向，仔细听别人在说什么。另外，我还给他两个盒子，一个装着橘色小球和白色小球，另一个是空的，我告诉他："如果你听懂了老师说的，就把橘色小球放过来；听不懂的话就放白色小球。"一开始，我下课后去看他，

原本的空盒子几乎都是白色球，几天后橘色小球出现了，非常有趣吧！

给他这道具，最主要的目的是让他"忙着专注"，忙到没有时间放空。因为佑佑上课时要依照我说的，把话筒转向声音的来源，所以他必须专心地听声音；另外，为了分配橘色球跟白色球的位置，他要让脑子思考着老师说的话，我的重点不是他是否听懂了，而是是否在专心地听。

·案例二·　　一不留神，思绪就飘走了

另外一个案例也很特别，就是中班的小均。他个性活泼、体格健壮，却相当排斥学习，上课时老师讲的他只能记住一半，写字时一有困难就放弃。听完老师讲的故事，他也无法像一般小朋友那样，很容易地把角色串起来，老师再多要求几次，他就开始哭泣、发脾气。

我和他的父母沟通后，了解到他们虽然都是忙碌的上班族，但几乎每周都会抽空带他到郊外走走，特别是热爱运动的爸爸，经常带他去爬山，亲近大自然，亲子关系相当好，不过再仔细问下去，才知道小均的爸妈除了陪他到郊外跑跑跳跳，几乎很少静态互动，例如读绘本、玩积木、看卡通……几乎没有，这就麻

烦啦！

有一天中午，我在走廊上看见他站在那儿发呆，问他为什么不回教室，他竟然回答："哦，我突然忘记要干什么啦！"

"你忘记要干吗？那你刚刚在想什么啊？"我又好奇了。

"我就在想我爸爸星期天带我去爬山的事情。"

"爬山啊？很好玩吗？"

"超好玩的……"接着，他兴高采烈地叙述爬山时发生的种种情况，此时眉飞色舞的神情和刚刚涣散、发呆的样子完全不一样，一点儿都不像是有学习障碍的孩子。那天，我亲自去教室了解了他上课的情况。

他上课时，果然如老师所说，偶尔玩玩手指，偶尔看看窗外，要不然就是发呆，等到老师喊他时，他会专注一下，但思绪很快又飘走了，始终无法跟上老师的节奏。听说了这样的情况，我心里开始思考如何拉回这孩子的焦点。

第二天上课前，我到他的座位旁跟他打招呼，喊了几声都没理我，我用手把他的脸转过来，逼他用眼睛看着我："小均，老师叫了你三次，你听到我的声音了吗？"他点点头。

"那你就要回答我，我才知道！"他又点点头。

"你要用说话来回应我，听到了吗？"

"听到啦（拉长音）。"

"老师今天要跟你一起上课，我还带来了好玩的东西！"我把一张中间剪了一个洞的纸，放在他的书上，只露出课本上的一小块区域，"等会上课的时候，你要看着这个洞洞里的字和图片，它会帮你找到老师说的地方。"

他似懂非懂，但一堂课下来，随着老师讲话的内容，我把纸张的缺洞移到不同的段落和人物上，他的目光也随之移动，而不再毫无目的地移开，这是个很好的开始！

这张纸，就像是相机窗口，让他的视线可以拉近和聚焦，从习惯的广阔视野中，知道如何把视线缩到眼前。

就这样，持续陪读了一周后，我把纸张交给他让他自己移动，并告诉他："当老师让大家看着黑板时，你也可以用你的笔跟着老师，指着老师所讲的地方。"讲故事时，我告诉老师让他学着把人物拆开再整合，慢慢学习自己叙述出一个有逻辑的事件。

佑佑的家庭教育，把他的视线框在了电视的狭小范围内；而小均却是没有框架的广阔视线，长期只接触大自然，他已经不知道如何把视线和专注力放到单一的区域内。这两个孩子的家庭教育很极端，但也很明显地让大家看到，过与不及都会给孩子的学习造成影响。

Grace 老师的教育智慧

要动静均衡地规划孩子的家庭生活

学龄前是对孩子进行感官培养和建立良好学习习惯的关键期。这个阶段的孩子对外界的一切都充满好奇，喜欢观察身边发生的各种事情，如蚂蚁在地上搬东西、飞机从天上飞过去……他们会一直问这是什么？为什么？此时，正是刺激他们学习、培养思考力的关键时刻。

曾有一个小班的男孩，去上厕所的途中突然停下来不走了，我远远看见他待在那边好一阵子。我走过去问他为什么站在这边不去尿尿，他回答我说："我在想哥哥昨天打游戏的事情……"好吧！即使是长大后的青少年，过度热衷一件事也很容易迷失，我当然不会责备这个还不知道如何区分现实和想象的小小孩。

"哦……那你刚刚上课的时候，是不是也在想这件事情？"

"对啊……可是我没有表现出来！"他倒是很诚实地回答。

"可是，你现在在学校，来学校就是要学习，如果你一直想着打游戏就会听不到很多事情。你看，大家都去上厕所，你就忘记了……"

"……好。"

我在此提醒爸妈们，想动静均衡地规划孩子的家庭生活，就要给孩子合理分配看书、拼图、游戏的时间，节假日时多进行户外活动，也可以安排孩子看看展览或表演等静态活动。不要因为他们喜欢一件事，就让他只接触那一件事，转换空间的注意力、转换不同气氛的调适力，都是孩子应学习的一部分。

此外，还存在着教育孩子要"专心"而屡说不听的状况，大人们是否想过，孩子们知道如何"专心"吗？知道什么是"不要东想西想"吗？佑佑和小均被老师提醒很多次"上课要专心"，但还是会走神，如果不是故意反抗，就是弄不懂何谓"专心"了。大人会很自然地把一些自己觉得简单、理所当然的词汇丢给孩子，然后会生气他为什么不照着做，事实上，他根本不明白你的意思，就算想做也不知从何入手啊！

我给孩子们的学习道具，让他们上起课来感觉像是在玩游戏，但也借此引导他们学会了专心聚焦的方式。

要求孩子"专心吃饭"，不妨告诉他"眼睛看着碗，吃完一口要接着下一口"。孩子没有"认真上课"，不妨了解他不认真的时候在想些什么，或是问问他老师讲了什么，让他回到家与你分享。

12

每时每刻都想说话的孩子，
该怎么做才能让他静下来

你的孩子很爱说话吗？一天二十四小时只要醒着，不会安静超过五分钟吗？是不是又可爱又有点可恶啊？哈哈哈！我好喜欢跟孩子说话，听他们用天真的语气表达想法，对我来说简直是非常减压的一件事。

但我可以想象，父母工作了一天身心疲累，很需要好好休息，回到家如果有个"说不停、讲不停"的孩子，那应该是相当恼火的。

· 案例 ·　　说个不停的孩子

小晨是小班时来到学校的，他是个人见人爱的孩子，口语表达能力远远超过同龄的小朋友，学校里几乎每个老师都认识他，也几乎都被他"访问过"。吃饭时间，除了跟同学说话，他还会找老师聊天："梅洛迪老师，你周末出去玩了吗？你去了哪里？好玩吗？""妮莉老师，你为什么要剪这个啊？是要给我们用的吗？我们为什么要用这个？可以做别的吗？"……他还会向别的小朋友的爸爸妈妈告状："彤彤妈妈，彤彤今天不乖，被老师骂了。"这个超爱说话的小孩，任何一件事都能轻松打开他的话匣子，而且还很难关掉。

到了中班，小晨喜欢说话的性格，开始成为大家的困扰。

他上课的时候会突然发问，任意打断老师或同学的发言，被制止后会顶嘴，有时停一下子又换了别的话题。某天吃饭，他一边吃一边大声说着："哇！今天的肉好好吃。"老师请他安静吃饭，他停了一下突然又说："可是我真的觉得厨房阿姨好厉害喔！"任何时间、任何地点，就连上个厕所他也可以找到话题跟同学说个没完，他的那种讲话欲望，就像是鼻子发痒，一定要打个喷嚏出来一样。

有一阵子，他请了一周的假跟家人去日本迪士尼玩，那一周，老师明显感觉上课很顺利，吃饭时间也很安静、有秩序；但一周后他回来了，"变本加厉"地从早到晚讲个没完，无时无刻不在见缝插针地分享他的迪士尼之旅，老师最后受不了了，告诉他："如果你安静五分钟，我今天就给你一个奖励！"他很快答应，但不到一分钟，突然又说："但是，我在迪士尼的时候……"

老师第二天生气地骂了他，并打电话给他妈妈，没想到他妈妈也说："天啊！他在家就是这个样子，我没想到他在学校也会这样……"妈妈很无奈地告诉老师，小晨真的很喜欢说话，小的时候觉得这样很可爱，也让他们很有面子，但现在大家都不喜欢听他说话，因此与亲戚间的聚会都变少了。他们现在很困扰，到最后，他妈妈甚至告诉我们可以打他。

老师："那你们在家会打他吗？"

妈妈："有时候爸爸受不了会打他。"

老师："打了之后有效果吗？"

妈妈："会安静一下，但是过一会儿又开始了，昨天晚上吃饭时他一直在讲话，爸爸生气地骂他又打他，安静了没几分钟他又开始讲，爸爸问他：'你刚刚已经被打了，还不怕吗？还要继续讲吗？'他竟然说：'我刚刚是讲迪士尼被打，但是我现在是说马铃薯好好吃啊！'"

老师："哇！看来他爱说话的情况，不管在家里还是在学校都是一样的。"

妈妈："是啊，有时爸爸晚上要工作，就只好戴上耳塞。"

当老师把跟妈妈沟通的状况汇报给我时，我真是笑歪了，觉得这个孩子实在太可爱了，我真的好想知道他到底为什么有这么多话可以讲，逼得爸爸都要戴上耳塞。

第二天早上巡课时，我特意在他们教室后面观察他，我发现小晨是在听老师讲课的，从他的反应我觉得他都听得懂，但是会去看一下别人、管一下别人，就是没办法安分几分钟。下课之后，我把他叫到办公室。

❤❤❤❤

小晨："Grace，你也要骂我吗？"哇，他自己竟然先开口了。

我："我为什么要骂你？"

小晨："因为我爱讲话啊，你们都骂我，我爸还打过我呢！"

我："为什么你爸打你，你还要讲啊？"

小晨："因为我妈妈煮得很好吃，所以我一定要告诉她啊！"

我："原来是这样啊……你觉得我应该骂你吗？"

小晨："你现在没有骂我，但是你心里一定是这样想的。"

听起来，这孩子知道大人不喜欢他爱讲话，但还是改不了想讲话的习惯。于是，我做了一个决定！

我："好吧！我觉得你讲话很厉害，也很聪明，我想找你当我一天的小助手，可以吗？今天我走到哪里，你就跟着我到哪里，而且我很喜欢听你说话，你今天一天都要讲话给我听，不能停，可以吗？"

小晨："一天！你是说一整天吗？"看起来，他对一整天这个量词有点惊讶。

我："对啊，我看你每天一直都在讲话，因此你跟我讲一整

天，应该不困难吧！"

小晨："一整天呀！真的？你确定吗？"哈哈，他竟然怀疑起我来。

我："没错，一整天我都要听你说话。"

小晨："可是……可是我没有讲什么呀，我都是乱讲的。"

我："怎么会呢？我常常看见你在讲话，好像很有趣的样子，只是很抱歉我都没有时间仔细听，你今天可以都讲给我听吗？"

小晨："你觉得有趣吗？可是其他大人都说我不可以一直讲话！"

我："没关系，我让你讲，很多事情我都想听。"

小晨："我讲什么你都听吗？真的什么都可以吗？"他竟然还在怀疑我。

我："对，今天一整天你都可以讲。"

小晨："可是……我不想一整天都讲话。"什么？这竟然是从小晨嘴里说出的话，虽然我很想笑，但现在并不是笑的时候。

我："为什么？你每天不是都在讲给别人听吗？"

小晨："因为你说什么都可以说，我就不知道要跟你说什么了。"

孩子的逻辑就是这么奇妙。你越阻止他，他越想做，但一旦放手让他去做，他反而退却了。

我："为什么，你有秘密不想跟我说吗？"

小晨："不是啦！反正我就是不想一直说……"

我："你到底在犹豫什么？"

小晨："我在想我要跟你说什么啊！"

我："哦……讲什么话是要想一下的啊？"机会来了，"就是说，跟爸爸妈妈、跟老师、跟同学都有不一样的话要说对吗？"他看着我，似乎在思考着，我趁机继续说："说话不是想说什么就说什么，要想一下，要听完别人的问题才回答，对吗？"

小晨："对！"

我："很棒，但你今天还是要当我的小助手。"不要以为我这样就会放过你。

小晨："不要，我想回去跟我同学和老师在一起。"

我："为什么？为什么你不想当我的小助手？"

小晨："我……我想我的爸爸妈妈。"来这招！我要忍住，千万不能笑。

我："你这样子我好伤心喔……如果是你的爸爸妈妈来，你就不会说你不想一天都讲话，对不对？"

小晨："不会啦！我不会讲话啦！"

我："不是不能讲话，是要看什么时候决定讲什么话。我不管，反正你今天就是要当我的小助手。"

小晨："好啦！但是我不知道我有没有话要跟你说……"

我的目的不是阻止他说话，是教他在对的时间说话。

--- ◀◀▶▶ ---

拖磨了好一阵子，他终于答应了，我把一串钥匙挂在他的手上，给他一种特别授予权力的感觉，希望可以驱除掉他在我身边的紧张感。接着，我们就出发去巡课了。走着走着，来到一个大班教室，我选了最后面的位置跟他一起坐下来，开始听老师讲课，小晨一反常态，安静地看着老师，很认真的样子。

我："哎，你怎么都不说话？"

小晨："嘘……"他叫我嘘。

我："你看那个人的鞋子……"我开始模仿他平常上课的样子。

小晨："嘘！你不要讲话。"

我："为什么不能讲话？你看，他的铅笔盒好大喔！"

小晨："不要讲话了！别人都在看我们了。"

我："可是……那个人的铅笔盒真的很大。你看。"

小晨："嘿，Grace，不要说话了，我要听老师讲。"

我："你都不讲话，好无聊，那我要走了，我们出去吧！"

小晨："……喔。"

我让他陪我巡课的目的，是让他跳脱出自己的班级，去看看

别人都是怎么学习的，而我在中间模仿他平常的行为，让他从第三者的角度观察一直说话对其他人会有什么影响。

接着，走到中班的班上，我问他想不想进去看看，他说："好啊，但是你不要再一直讲话了。"

我反问他："为什么？我想要讲啊！"

小晨："可是大家在上课，你这样会吵到他们。"

我："可是你平常一直在讲啊，爸妈跟老师叫你不要讲，你还是一直讲，你不喜欢他们这样，你现在不就跟他们一样了？为什么你可以讲，我就不可以呢？"

小晨："……我知道啦！"

我："知道什么？我不管，我还要一直讲！"

小晨："我可以控制自己，我不会再一直讲话了。"

我没想到，他竟然这么快就想通了，果然是个聪明的孩子。

我："真的吗？你确定吗？"

小晨："真的，我想要回去上课了。"

我："好吧！真的很可惜，我很想听你说话耶！"

小晨："你去找别人当你的助手吧！我要回去上课。"

我："当然，下次你很想说话的时候，可以再来当我的助手喔！"

我在想，小晨应该天生就是很有主见、想法很多的孩子，我很开心能在他性格发展的时期，让他学会拿捏讲话的分寸。写这个故事的时候，他已经是个高中生了，依然是个很有想法、很能发表意见的孩子，相信他未来会很优秀。

Grace 老师的教育智慧

要记得提醒孩子什么时候该适可而止

那天下课，我把和小晨相处一天的过程告诉了他的班主任，老师很纳闷地说："我也是跟他说，你喜欢讲话就让你讲，可是他也只是笑一笑，后来还是继续讲啊！"我觉得，小晨一定知道老师当时在生气，像是赌气才说这样的话，对他而言，老师说"你喜欢讲话就让你讲"跟"不准再说话了"的意义是一样的，他知道老师不是有心要跟他说话的，也仍不明白"为什么不可以讲话"。

小晨在被点破之前，并没有意识到自己说的话有那么多，只知道大人不让他说话，当我请他"一整天"都说话给我听的时候，他被"一整天"这个量词震惊到了，似乎也感觉到一整天都在说话是多么不可思议的事情。

接着，我又带他看别人上课，也许，不是在他自己的地盘会让他收敛一些，也刚好让他真正体验到"上课的气氛"。模仿他的行为，看起来好像在逗他，但我就是要让他感受被人打扰的感觉，这个聪明的孩子很快就明白我的用意了。

我相信像小晨这样的孩子并不少，语言发展早的孩子一开始总是很受大人们喜欢，不管说什么都会被称赞，而对他说话的内容、时机和场合方面的教导却会被忽略，等大人意识到不对劲或不耐烦的时候，孩子反而无法理解为什么会由原本鼓励他说话变成现在的制止他说话。

六七岁孩子的家长，多数懂得引导孩子表现自己，因此我们会发现孩子们比从前要早熟、聪明、自信；相对地，也发现孩子们越来越"难以控制"。教育孩子有时候就像放风筝一样，给他空间去飞的时候，要记得适时拉一拉线，提醒他什么时候该适可而止。否则，一旦孩子逾矩，要再重新建立观念就会很难。

13

家有"林黛玉"，
一遇到不顺心的事情就哭……

"不要哭了！""好了好了，不要哭了！"面对孩子，这样的话你常常说吗？一群孩子中，总会有几个情绪表现特别突出的，比如特别爱哭、特别爱生气、特别爱说话……这些恼人的"特别情绪"背后，是不是有什么是我们大人可以提供帮助的？

·案例· 爱哭的小公主

午餐时间，我在餐厅帮老师的忙。在一片闹哄哄的童言童语中，某位老师对着远处喊道："希希，希希过来这边拿你的水壶。"突然间，餐厅安静下来，我转身过去，看见希希默默地啜泣着，周围聊天的小朋友都停下来看着她，有一两个女孩拍拍她的肩膀："不要哭，不要哭。"还有人拿纸巾给她，我用眼神问老师这是什么情况，她叹了一口气走过去说："希希，老师不是在骂你，也没有生气，老师只是喊你过来拿水壶，没事的。"

平时开会，也听希希的老师谈起过这个孩子，一个有着可爱小公主外形的女孩，性格相当害羞，有一点胆小，而且只要遇到不顺心的状况，很容易就会哭起来。也因为她这样柔弱的个性，班上几乎没人会跟她大声说话、抢玩具，每个小朋友都会让着她甚至保护她，例如在课堂上，当她答不出老师的问题开始委屈得眼泪汪汪的时候，马上就有人说通过。她在众人的温柔呵护下过着每一天。

由于大家的保护，希希受挑战和挫折的机会相对比较少。

圣诞节前的话剧表演，是孩子们最期待的。为了让爸爸妈妈看自己的表演，每到排练时间，所有的小朋友都开心又卖力地练习着，但这个欢乐时光对于希希来说却会让她十分不安。喜欢安静优雅的她，每每到了排练时间，就会被要求讲话要大声，连手脚也要大动作挥舞。开始的时候，希希一面板着脸一面慢半拍地跟着大家做动作，终于老师再一次喊道：

"希希换你了，要大声喊出'我是一颗小星星'！"

她先是放下手，接着低下头，默默地啜泣起来。

"怎么哭了，老师不是在骂你，只是提醒你要大声说话。"

希希却哭泣到无法回应，一面摇头一面擦着泪汪汪的眼睛。最后，老师只好给她安排一个动作与台词最少的角色，但似乎还是让她感到不安，排练时仍然眼含泪水。

老师跟妈妈沟通这件事情时，妈妈表示自己能理解女儿的个性，只要她愿意上台练练胆量就可以。因此，我们也不特别强迫希希，只是顺着她的个性给她安排适合的角色。

最后排演日到了，每个班级都聚集在表演厅为准备上台做最后一次走位，台上大班的小朋友走完最后一个圈，齐声大喊："我们是最棒的。"多么可爱又振奋的一喊，但竟让在后台排队的希希大哭了起来，这个突来的哭泣，让我们一时摸不着头脑，我让老师继续带大家排练，自己带着希希走到一旁。

"为什么哭，慢慢说给我听。"

好一会儿，她的情绪才稳定下来，但还是一面啜泣一面说着：

"他们好大声……"喔，原来是被吓到了，所以才哭。

"没事了，他们在排练，在台上本来就是要大声唱歌，他们没有错啊！"

不要因为孩子哭了，就说别人不对，如果对方没做错，等孩子情绪稳定了，要再提醒他一次。

"可是……他们吓到我，我生气了。"说到生气，她的声音很自然地提高了分贝。

"你生气了啊？原来生气就可以这么大声……"我慢慢提高音量，模仿她生气的样子，"等一下你在台上也可以这——么——大——声——吗？"

"像——这——样——大——声——吗？"她也模仿起我来。

"对！就是这样大声，因为爸爸妈妈在台下很远，所以你要像这样吼——吼——很大声，他们才能听见。"我拉着她的手，带着她做动作。

"吼——吼——这样子吗？"

"你很棒！就是这样。"我恢复正常声音，"老师要告诉你，有的人讲话大声，有的人讲话很小声，这是每个人的习惯，你不用生气。"

在说到"大声""小声"这两个词时，我刻意变换分贝让她感受两者的差别。

"还有，上次老师大声叫你，是因为她叫了两次你都没回答，她怕你没听见才会那么大声，但是你哭了对吗？"

"对。"

"你可以告诉我，你没听见老师叫你，你在想什么吗？"

"我在想明天要穿什么裙子。"嗯……好，果然是爱美的小女生。

"对啊，如果你上课不专心，老师叫你你没听见，老师也会生气，就会跟你刚刚生气一样大声。"她睁大眼睛，似懂非懂地点了一下头，"如果你很专心，就算老师问到你不会的，你也可以跟老师说你不会，说不会不丢脸，但你只是哭的话，老师就不知道你在想什么了。"

"好。"

"好棒，老师跟你说，我觉得你的声音很好听，只是你平时讲话太小声我都没听清楚。我希望你表演的时候，也可以像这样大声（我又提高音量），让大家听到你的声音可以吗？"

"可以！"她这次很自信地点了点头。

"表演的时候大声是对的，每一次练习，大家都会这么大声，所以你不用害怕，也不用生气。"

"好。"她又用力地点了点头。

那一天上台，她进行了有史以来最大方的演出，让她的班主任惊讶不已。结束之后我过去找她，顺势又给她打了一剂强心针。

"你今天突破自己了，声音和动作都很棒！"我拉着她的手告诉她，"其实，除了表演，在学校很多时候你的动作跟声音都可以像今天这样，比如上课、吃饭、叠被子……大家都是来学校学习如何把自己的事情做好，这才是很棒的小公主。"

当孩子突破自己时，当下的鼓励是最棒的强心针。

"嗯！"

"最重要的是，每个人都会有开心、生气的时候，还有打招呼跟说悄悄话，声音也不一样，你不要因为这个就害怕然后生气，"我一边说一边变换各种语调，"心里想什么都可以讲出来，只是哭的话大人不知道你是为什么，明白了吗？"

"明白。"

后来的日子，希希的老师告诉我，她突然哭泣的状况明显减少了，上课时也越来越不排斥回答问题了。现在，希希是个六年级的大女孩了，很爱说话，声音也变得很大了！

Grace 老师的教育智慧

遇到问题，除了生气、哭泣，
还有别的解决方式

　　爱哭、胆小并不是错误的行为，可能是孩子天生个性如此，更可能是过去的经验让他们觉得这是让自己避免不愉快的最好方式。这中间，大人也要试着让他（她）了解，遇到问题除了生气、哭泣，还有别的解决方式，例如：

　　"可以说出来，告诉大人你不会。"

　　"只是哭的话，别人不知道你为什么不开心。"

　　这都是很基本的引导方式，但如果这些方法都试过无效，还有什么方式可以帮助孩子呢？

希希习惯了家人说话温和的语调，又或者她曾经被什么声音吓到过，使她特别排斥大分贝的声音，而哭泣就是她避开这种不舒服状态最好的方式。慢慢地，她觉得遇到不喜欢的情况，先哭就可以了。

那天排演，希希因为生气而大声地跟我说："我生气了。"真的是一个很棒的契机，我模仿她生气的音量，但并没有生气或不悦的表情，而是让她在稳定的情绪中，感受到声音的不同。可能，这也是第一次有人告诉她，声音大并不都是不好的，在某种情况下更是必需的。

14

小孩吵架，
大人究竟该怎么插手

对某些小男孩来说，捣蛋、搞恶作剧、欺负同学似乎是生活中的小娱乐，是无伤大雅的事情，大人们说一说、处罚一下就过去了。但同样的事情一再发生，到底要讲几次，才可以停止呢？

· 案例 ·　　天天吵，天天打，为什么呢？

有一年的一个班级里，不知何时形成了一种"三国鼎立、各自为王"的对抗局面，小迪、大力、凯文是那阵子很令老师们头痛的"捣蛋三人组"。三个人彼此不喜欢对方，老想找空当修理对方。上课的时候小迪拿橡皮擦丢大力，两人打闹起来，凯文在一旁大声嘲笑他们；吃饭时间大力又故意伸脚绊倒凯文……他们每天都有争执不完的事情，班主任最后想出一个法子——把这三个人远远地隔开。

上课时，老师将他们当作三角形的三个顶点来安排座位，中间安插几个人，让他们没有办法跟对方接触，包括吃饭、睡午觉也是一样，尽量让三个人保持中间有其他人，就连去拿水壶的顺序，也让他们三个人抽签，看见拿到一号的人领好了，二号才可以去拿。

就这样，相安无事地过了几周。某一天，不知道什么原因，他们又打了起来，老师协调、处罚完毕之后，"战火"暂时平息。但我总觉得这样下去不是办法，这几个不定时"小炸弹"，若不从源头拆除，麻烦一定还会不断。

------------ ◖◖◗◗ ------------

我找了个风和日丽、太平无事的一天，把他们三个人叫到办公室。

小迪："我今天没有打他。"哟！他竟然自己先开口了。

大力："我也没有。"

凯文："也不是我！"

三个人突然被老师叫来，很有默契，都觉得是麻烦上身，一开始就筑起保护墙。我告诉他们："我不是要处罚你们，是要给你们奖品，因为你们这几天很乖。"可以拿奖品，对这三个人来说简直不可思议，他们经常因为吵架被处罚，所以即使拿到奖品也很快会被扣掉。现在天上掉下了奖品，原本有了防卫心的他们露出藏不住的笑意，孩子就是这么单纯。

发给他们一人两个奖品之后，我开始进入正题。

我："其实，我真想知道，你们为什么这么喜欢吵架？可以告诉我吗？"

小迪："都是因为他们两个啊！"

凯文："什么呀！我是被你们拖累的。"

大力耸耸肩没说话。

我："为什么你们会这么在意对方？讨厌对方？有没有想过，自己为什么要费尽心思给对方搞恶作剧，要不要想想看呢？"

听到我这么问，三个人又很有默契地一起愣住，完全答不上来。我给他们一天时间回家想想，明天我再找他们。

这些问题我相信他们自己也没有思考过，但要解决纠纷，一定要让他们找出最根本的源头。

———— ◀◀▶▶ ————

第二天，三个人在我办公室集合好，我问："昨天的问题想好了吗？"

"想什么？"凯文先问。

"没关系啊！想不出来就站在这边想，我会等你们想出来。"

想在我面前装傻，门儿都没有。我学他们的班主任拿出号码牌，让他们依抽签顺序回答。

大力："我觉得他很好，他也很好啊……"

我："怎么好？"

大力："就很好嘛！"

我："你是因为他们很好，所以你要故意让他们不好吗？"

小迪："他们很坏，都趁老师没看见的时候弄断我的笔，妈妈说我要保护自己，所以我才打回去啊！"

我："这样啊……凯文该你了，他们讲过的理由你不能重复。"

凯文："我就觉得很好玩啊！我打他，他就会打他，他们就会打起来……哈哈。"看来他是存心捣乱的。

我："好！我知道了，你们今天都很棒，很诚实，我要再给你们两个奖品。"

小迪："就这样吗？"

凯文："你不要处罚我们吗？"就这么结束，三个人非常惊讶。

我："没有啊！你们跟我说了实话，我为什么还要处罚呢？而且，过几天我会再个别找你们聊天，如果你们还是很诚实，我还会再给奖品！"

大力："真的吗？"

凯文："那你什么时候再找我们？"

我："我现在不会告诉你！"

━━━━━━━━━━━━ ●◀▶● ━━━━━━━━━━━━

两天后，我先找了凯文。

凯文："我就知道你会第一个找我。"看样子他防卫心很强。

我："因为第一个人会有五个奖品，所以我先找你啊！"

他没回答，看了看我说："你要知道什么？"

我："你这样说话很没礼貌，你可以先了解对方要问什么，但不要一开始就凶巴巴的，我今天是要给你奖品，但你却对我态度这么不好！"

他低下头，眼神变得和缓了些，我接着问他："我很想知道，你为什么觉得他们两个人打架很好玩？"

凯文："他们两个人功课好，打架就不会被骂，为什么我功课不好，打架就会先被骂？"

我："嗯，我懂你的心情了……但是，打架真的不好啊！万一受伤了，要送医院怎么办？好笑就变不好笑了，如果他们不对，我也可以帮你，而不是你自己去找他们麻烦。"凯文沉默着没回答。

了解原因，提供方法，陪伴他们用正确的方法处理事情。

我又问他："你觉得……他们有什么优点吗？"

听见我这么问，他的反应让我很意外，没想多久他马上说："有啊！小迪心地很好，他会帮助同学……大力很聪明，每次跳舞，他一下子就会了。"

我："真的啊！那你有什么优点，我也去问问他们！"

凯文："我也会有优点吗？"

我："当然有啊！我问好会告诉你。"我拿了刚刚说好的五个奖品给他。

凯文："就这样吗？你没有叫我不再打他们？"

我："我希望，下次你要打他们之前，先不要动手，而是来告诉我为什么他们该打，好吗？"他点点头。

———— ◖◖◗◗ ————

接下来，我分别找了小迪和大力，谈话的内容大致相同，他们最后也分别说了对方的优点，而我又分别告诉他们，另外两个人觉得他们很棒的地方。当他们听到对方竟然说出自己的优点时，显得相当惊讶又开心，而这三个小霸王也在这场谈话中，获得了十个以上的奖品。

两个星期后，都没再传出他们打架的事件，我又把他们三个一起叫到办公室。

我："这两个星期都没听到老师说你们打架，不打架是不是很好啊？"

　　三个人愣住了，没人答话。

　　我："看吧！你们其实可以不打架，打了架会被处罚，还会被扣奖品，一点儿都不好。我只是要告诉你们，下次想动手之前，先来告诉老师，如果你们没来找老师就先动手，我会很生气喔！"

　　从此以后，三个人就过着幸福快乐的日子……哦，不，为防万一，老师还是运用让他们持续分坐在教室对角，领号码牌喝水、上厕所的方式，但至少从那之后一直到毕业，都没有再传出他们打架的事件。所以，也算是个圆满的结局。

Grace 老师的教育智慧

孩子与人发生争执时，家长应该怎么做

当孩子持续犯同一个错误，怎么警告、怎么处罚都没有用时，大人要如何防范错误再次发生呢？答案是：防不胜防。

没有一个孩子喜欢被处罚和责骂，他们宁愿一直被惩罚也要选择（或忍不住）一直去犯错，如果大人不找到源头，是无法真正解决问题的。事实上，与人争执也是孩子塑造性格并学习如何与人相处的过程，聪明的父母可以这样做：

1. 教孩子如何面对情绪

当孩子遇到冲突、矛盾产生情绪时，家长可以先引导孩子认识到自己正在生气，并用正确的方式表达出来。要注意观察身体的变化，然后深呼吸，数数到十，学会让自己平复；如果还是无法消气，可以打枕头、跑步或听音乐；等自己平静下来后，可以试着说出来；家长们还要注意自己的言行，要冷静处事，因为孩子通常会以父母为榜样。

2. 教孩子如何避免矛盾、冲突

平时可以找机会教育孩子，在和朋友相处玩耍的时候，要轮流玩；说话要有礼貌；还要学会道歉、懂得分享；愿意帮助他人等。

3. 发生冲突时怎么做

当孩子们发生冲突时，建议家长先让孩子们离开发生矛盾的地点，换一个安静的地方说话。让每个孩子都有发言权，当孩子讲话时不要打断，而要仔细听，每个人都可以提一个解决办法，然后讨论得出结果。家长们可以帮他们总结，不要有"哥哥姐姐一定要让着弟弟妹妹"的偏袒，要讲求事实的公正，并监督后续的相处模式。

15

"我不要，我不要，我就是不要！"
孩子到底不要什么

丹丹大概是我教学十多年来，令我最头痛、花心思最多的孩子。现在回想起来，从丹丹的爸爸第一次到学校来接他时的状况中，就可以隐约看到丹丹性格的根源。

我记得那天听到学校门口有激烈的争执声，走出去看到丹丹的爸爸正在和警察争执。我听老师们说，因为警察认为丹丹的爸爸车子违停，但他认为整排路都有人停车，为什么只抓他一辆，总之陷入很胶着的状况，最后警察终于放弃开罚单，但丹丹的爸爸仍要求警察给他个理由。那次，我就发现这位家长对于自己的信念相当执着，并据理力争。

话题回到丹丹，他是小班时来到学校的，是个表情有点严肃的小男孩，说起话来中气十足、字正腔圆，有着不容协商的气势。

· 事件一 · 　　我就是要在这边等妈妈

第一天上学，妈妈离开之后，他虽然没有哭闹，但也不肯跟老师进教室，在校门栏杆旁找了一个位置站着，说要等妈妈来接他。小朋友初次到学校都有这样的情况，但一般只要告诉他们楼上有玩具，很多小朋友可以一起玩，有好吃的点心，然后他们只坚持一下子就会跟着老师上楼。但丹丹相当坚持，守着他选定的位置，无论老师如何"威胁利诱"，他都只回答一句话："我要在这里等我妈妈。"连我亲自出马也不管用，最后，我只好告诉他："你一直不肯跟我上楼，我只好抱你上去了。"

上楼的过程中，虽然他有小小的挣扎，但也算是顺利地到达教室楼层。不过，他不肯跟任何人互动，对玩具也完全没有兴趣，不一会儿就跑到走廊上站着，望向落地窗外的大马路，换了一个新的地点等妈妈。我走过去坐在他旁边，开启聊天模式。

"你为什么要站在这边？"

"我要等我妈妈。"

"教室里有很多小朋友一起玩，我们也去玩一下，等会儿妈妈就来了啊！"

"不！我要在这边等我妈妈。"

"那……哎，你的扣子是圆的耶！"不想跟他在问题中打转，我突然换了话题。

"是圆的吗？我要问我妈妈。"

"那你喜欢圆的扣子还是方的扣子？"

就这样，一个扣子的话题，我们聊了将近一个小时。我觉得，他需要去上厕所了，便问："我们要不要先去厕所尿尿？"

"不，我要在这边等我妈妈。"

"可是……你如果不去尿尿，等会儿就会尿在裤子上。妈妈应该不喜欢你尿裤子上吧！"

他没说话，低头看着自己的脚下。

"你是不是怕有人占了这个位置？没关系。"我请老师帮我拿来一条绳子，把他站的地方圈起来，故意大声告诉旁边的老师："请你们帮我看好这个位置，这里是丹丹的位置，不要让别人过来。"

他见我如此郑重地宣布，总算放心跟我一起去上厕所，不过，上完厕所洗好手，他马上又跑回圈圈里站着，一点儿都没有放下戒心。

明明想上厕所了，还坚持不肯去，一定有什么让他不放心的事情，只要解除孩子的担忧，他就愿意配合你了。

"丹丹你口渴吗？喝点水好吗？"

"我妈妈没有说我可以喝水！"

"那……我们打电话问妈妈好了。"

我拿起电话，假装打给妈妈："丹丹妈妈，丹丹说你没有告诉他可不可以喝水，所以我打电话问问你……喔，可以啊！"

"丹丹，你妈妈说你可以喝水。"

"我妈妈说可以吗？好的。""好的"两个字还提高了声调。

我们告知了丹丹爸妈有关丹丹的情况，我们认为需要多给他一点适应的时间。我也有心理准备，可能遇上了一个难缠的"对手"。

●●●●

第二天，我刻意在校门口等丹丹："昨天妈妈来接你，今天也会来接你。现在，我又要抱你去昨天的圈圈里面喽！"到了楼上，他马上走到昨天用绳子围起来的位置，维持昨天等妈妈的状态。

那天，我发现丹丹对汽车特别感兴趣，看着落地窗外一辆辆车子经过，他会一一说出它们的品牌："奥迪、丰田、奔驰……"让我忍不住笑出声的是，这个小男孩用他低沉又成熟的口气说："又一辆丰田过去了，我妈妈怎么还没来？"

第三天几乎重复同样的模式，因为丹丹上厕所、喝水、吃饭等大小事，都要经过妈妈同意才做，所以我假装给妈妈打电话："丹丹说要听你的话才行，我想问丹丹在学校可以听老师的话吗？可以啊，好，我会告诉他。"挂电话后，我问他："丹丹，妈妈刚才说在学校你可以听老师的话，可以吗？"

他沉默地思考着。

"可以吗？妈妈说可以听老师的话，可以吗？可以吗？"我故意调皮地用烦人的、重复的句子吵他，逼他告诉我答案。

"可以吗？可以吗？可以吗？"

"好……的！"很好，他终于投降了。

————— ◀◀▶▶ —————

第四天，我继续在门口等丹丹，我看着他望向妈妈离去后的大马路，走到他身旁，陪他一起看，一方面给他时间调整心情，一方面我也想站在他的角度，看看他究竟发现了什么吸引人的东西。

"早上好，丹丹，你在看什么啊？"

他不说话。

"为什么你都知道每辆汽车的牌子啊？"

"对啊，我就是知道！"

"嗯，那……我们又要去圈圈里喽！"

"好的！"他似乎已经接受这样的模式。

"那你今天是自己走，还是要我抱你？"

"我自己走就好了。"

上楼后，他本能地往小圈圈移动，虽然知道这个固执的小家伙还没对我完全卸下心防，但我还是想试着引导他进入教室。

"你妈妈昨天说你在学校可以听老师的话，她说你可以听喔！等一下我要带你进教室，但是，进去后，你不可以跟其他小朋友玩，不可以跟他们说话。"

我故意跟他说反话，其实内心非常希望到了教室，会有其他小朋友主动过来找他玩。对防卫心重的孩子，不能一次要求他们妥协太多，要很有耐心地一步一步破解。

就这样，半推半就一阵子，丹丹终于愿意到教室里跟大家一起玩儿，不再只是说"等妈妈来接我"。当然，刚开始，他也很不适应，要求到小圈圈等妈妈，或者要我提醒他"妈妈说可以听老师的话"才愿意配合。我花了许多心思和时间陪伴他，最终他渐渐习惯了学校生活，也能融入群体了。不过，这只是丹丹故事的开始，后续还有好多典型事件！

· 事件二· 　我要自己叠被子

丹丹的固执程度不同于一般的孩子，很多事情都需要经过沟通才能顺利进行。上课的休息时间，老师让小朋友们喝水，丹丹不肯动，劝不动他的话，这孩子可能一整天都不吃不喝，我提醒他："妈妈说你可以听老师的话，老师说你现在可以喝水喔！"他回答："好的。"明明口渴了，但没有启动"妈妈同意"的开关，他就不配合。

午休起床后，每个小朋友都要叠好自己的被子，丹丹又不肯动，我告诉他："叠好被子，就可以出去玩游戏，然后妈妈就会来接你，每个小朋友都是这样喔！没有叠好被子，就不能出去玩，就不能等妈妈。"将前因后果说出来，让他知道做好这件事情可以得到他希望的结果，卡住他动作的结才能被解开。

有一天，因为丹丹动作比较慢，所以老师顺手帮他把被子拿过来叠，丹丹就生气了，不理人了！直到所有小朋友都离开了教室，他还是不说话、不动。最后，我把被子拿给他，请他自己叠好放回去，当他满意地看着自己的成果时，我告诉他："丹丹，你有看到所有的小朋友都出去了吗？有的时候如果你动作比较慢，别人帮你是可以的。"

"我想要自己叠。"

"自己的被子自己叠没有错，但如果时间比较赶，老师可以帮你，知道吗？"

他不说话。

"如果下次时间赶，让老师帮你叠，第二天你动作快一点，可以让你叠两次，好吗？"

听我这么说，他才勉强说了句："好的。"

孩子有时固执起来，就像个蜂窝，在他情绪开关没有关闭之前，任何人都不能靠近。我把导致丹丹愤怒的被子先给他，等他的情绪平复后再跟他讲道理，这样才会有效果。

这件事过后，我也提醒老师，以后要做规定动作以外的事情，尽可能事先告知丹丹，因为预先说明对固执的孩子来说非常重要。

·事件三·　关于"对""错"相当执着

随着丹丹进入大班，我们开始发现这孩子很聪明、爱发问，而且记忆力超强，也因为懂得多，特别爱插话。例如老师上课时讲到月球，他会突然举手说："太阳系有八大行星……"他把他知道的有关知识全部说了出来，即使这些内容并不是一般小朋友能懂的。

不管对象是老师还是同学，只要是在他认知中不正确的事情，他会本能地马上指出来。"老师你说错了，那个是 ××× 先发明的！""老师刚刚说不可以说话，××× 偷偷讲话。""老师你说过不能站起来，××× 站起来了。"

丹丹纠正的事情没有错，但以他这样的个性，他的人际关系会变得越来越差，我们慢慢让他懂得了："老师或同学有说错的地方，你可以先说'对不起'，这样会比较有礼貌；小朋友有做错的地方，老师会纠正他，交给老师处理就好。"

择善固执并不是不对，但我们可以告诉孩子有更好的处理方式。

另一方面，我们也试着让其他孩子知道，丹丹是很守规矩的小朋友，有的时候会让人不开心，但他并不是恶意的。每一个人都应该去学习接纳不同个性的人和想法。

·事件四· 讲好的事情，不可以改变

我慢慢发现，丹丹的小脑袋就像个超大的数据库，可以很快放进许多知识。他是个智商很高的孩子，但遇到非规律性的状况，接受度却很低很低。

某一个校外郊游日的早晨，因为大雨一直不停，所以活动只好取消，但丹丹心里已经输入"今天要校外教学"的指令，突然听到不能出去时，他整个人愣在原地不肯进教室，看着窗外问我："我们不是要去校外教学吗？"

"对啊，但是下大雨了，没有太阳公公，不可以去了。"

"是吗？没有太阳公公就不可以去吗？为什么？"

"因为下雨，所以出去会淋湿，会感冒。"

"哦……会淋湿吗？不能出去吗？"

"是的，淋了雨会感冒，会生病。下次，选一天有太阳公公的日子，我们再去。"

"……好的。"

常听到大人说："没有为什么，就是这样！"真的没有为什么吗？很多大人视为理所当然的事情，在孩子的世界里都是一堆问号，特别是爱思考的孩子。很多时候与其跟孩子拗在那儿，不如站在他的角度想问题，这样你就会发现，拐个弯多给他一个解释，让他理解了、舒服了，就能让事情变得更顺利。

·事件五· 不能接受的，反抗到底

某一次排练圣诞节节目时，我听见丹丹很生气地跟老师顶嘴："不可以是圆形，是一条直线！不要圆形！"原来是舞蹈表演走位，有一个从直线前后移动转成走绕圈圈的队形，所有小朋友都乖乖地跟着老师的指示动作，没有人明白丹丹为什么无法接受"圆形"的走位，还愤怒地大吼着："不可以是圆形，不可以！圆形是不对的！"

"为什么不可以是圆形？"我走过去问他。

"就是不可以，圆形不对！"

他说不出理由，但练习时间有限，我没有办法慢慢引导沟通。突然，我灵机一动，指着老师贴好的走位标签说："好，那你不要走圆形，你走到前面那个尖尖，再走到右边那个尖尖，后面、左边，走菱形。"

"不是圆形吗？"

"不是，你是走菱形。"其实根本就是原来的圆形走位，只是变换一个空间想象，说成菱形也可以。

"好的。"他终于同意了。

"你走的是菱形，但其他小朋友走的是圆形。"

"好，我走菱形。"

我不想完全顺从他，让他觉得他都对，可以在他能够接受的状况下，把正确的事情告诉他。

当时我也不明白，他为什么对圆形如此反感，或许他对空间的思考与我们不同。但无论如何，作为大人，我们比他多活几十年，就要有能变通的本事，这条路走不通，可以换个方式。

·事件六·   我要生气，我要一直生气

一天早上，老师跑来对我说，丹丹又在生气了。妈妈送他到学校后，不管她怎么问就是不说话，已经撑了一整个早上了！

"丹丹，听说你生气一整个早上了。"

他不说话。

"妈妈没有跟你说再见吗？还是爸爸没有给你吃荷包蛋？"

他不说我只好一直猜，但今天一直猜不到，所以我也没耐心了。

"你不可以这样一直生闷气，我不是你，猜不到你在生什么气，你再不告诉我就换我要生气了，我生气的时候会很凶很凶，比恐龙还凶！"

他抬头看着我，说："你要生气了吗？"

"对，你再不告诉我为什么生气，我就要生气了。"

"……我觉得妈妈错了！"

原来，早上妈妈帮他穿衣服时，扣子没有跟从前一样从上面扣下来，而是先扣了中间，再扣其他的扣子。"扣子不可以这样扣！"他嘟嘟着嘴，严肃地告诉我。

"好，我知道了！你过来。"我把他的扣子解开，然后从头一

个一个扣下来，从他脑海中消除他认为不对的画面，"好了，这样对了吗？还生气吗？"

"对了，不生气了。"

"下一次妈妈扣错了，你可以告诉老师，老师帮你重新扣一次。"

"好的。"

"生气的时候，要把生气的原因告诉大人，要讲出来大人才知道，才能帮你。"

"好的。"

生气、哭泣永远是孩子处理负面情绪最直接的方式，孩子不会没来由地不开心，无论是猜测还是各种方式引导，我都会让他

们努力表达出自己的需求。此外，每一次孩子气完、哭完，我都要把"下一次生气"的处理方式告诉他。

卡关的问题，在对某些秩序特别敏感的孩子身上更费心力，我们只能耐心地陪他们度过，在一次次"帮助破关"的过程中，慢慢引导他们掌握处理情绪的方式，关关难过，关关过！

Grace 老师的教育智慧

面对坚持己见的孩子，应该怎么做

丹丹的确是个相当特殊的案例，他对空间有特殊的认知方式，后来我们发现他还有数学和绘画天赋。这里我们不讨论孩子们的天赋，而是想借此案例来讨论孩子们的固执。

坚持己见、变化弹性较小的孩子，经常被大人冠以"固执""难沟通""不听话"的评语。的确，那些令我们不解的"坚持"，真的很容易磨光我们的耐性。但反推回去，当他因为坚持而发脾气时，可能是我们的行为和要求已经先打乱了他的思绪，给他造成无法承受的困扰。所以，到底是谁先惹谁生气呢？

　　当孩子卡在我们认为"理所当然"的状况中时，我们要记得提醒自己别发火、别沮丧，他只是需要我们用更多的耐心和时间陪伴他，帮助他理解他不理解的事情。

Chapter 3

换个说法，让孩子信服，你也舒服

01

父母最常跟孩子说的话，
有什么问题呢

常听到父母说："如果孩子肯听话，谁想当个唠叨的父母呢？"

当父母发现自己反复地说而孩子却"充耳不闻"时，父母切记要先深呼吸，提醒自己停止动怒的念头。

这时，有可能是孩子太专注于手上正在做的事情了，又或许是他们还在思考：为什么要听从这个指令，或者不喜欢大人现在说话的口气……这其中可能会有许许多多的原因，但这些经常会被大人解释成"不听话"。

究竟要怎么说，才可以让父母的要求变得"有效率一些"呢？

其实，只要大人愿意在发出指令前多给他们一些说明，换个说法让孩子能"听懂"，就可以避免因许多叮咛被当成耳边风而生气的状况。

以下，我举几句最常听到的学龄前父母对孩子说的话，并提供一些转换方式让父母参考。相信我，你的孩子很聪明，多给他一些说明他会更听话。

这几句总是被孩子当成"耳边风"的话，你说过哪些呢？

我说过几次了，你为什么一直不听？

 哪有那么多次？才说了三四次而已，我没有不听啊！

 这件事我已经跟你说过了，但没看到你做。你是要我重新再说一次，还是你现在立刻去做？

孩子一定会立马想起你说过的话，因为他们也不想再听一次。

快一点，动作快一点，时间来不及了！

 为什么会来不及？为什么一定要快一点？

 爸爸今天开会，要第一个到公司，我们来帮爸爸得第一吧！你坐在椅子上穿鞋比较好穿，把书包放在旁边的地上，穿完鞋马上就可以拿起书包出门坐车了，看爸爸、妈妈和你谁最快。

对于聪明的孩子，说出事实并给出实际的方法，会比单纯的说教更容易获得配合。

我就跟你说不要跑来跑去，跌倒了吧！

 我跌倒了很痛你还骂我，我之前跑就没跌倒过啊！

 跑比较容易跌倒，你可以走得快一点，速度跟跑一样，也不容易受伤。

"走快一点，速度跟跑一样喔！"与其阻止他，不如告诉他有更好的方法。

你就是没礼貌，看到长辈都不叫！

 我又不认识他是谁，为什么说我没礼貌？

 这位是爸爸的兄弟，你的叔叔，来跟叔叔打个招呼，说：叔叔你好！

　　先告诉孩子这是谁，再让他打招呼，这种接近"成人式"的介绍方式，能让孩子觉得被尊重，无形中也在帮孩子建立自信。

你这是什么态度，没礼貌！

 我又没怎么样！

 叔叔跟你说话时，你的眼睛要看着叔叔。有礼貌的孩子听大人说话时都是这样做的。

　　避免在外人面前直接指责孩子，如果一定要纠正，可以正向式地告知孩子正确的方式。

快把玩具收起来，再不收我就丢掉了！

 不要！我刚玩到一半，我还想玩！

 收玩具时间到啦！给你一个收玩具的任务，你有一首歌的时间来把玩具收好，任务达成明天可以多玩十分钟。

　　第二天设闹钟给孩子看，多设十分钟，让他知道爸妈重视对他的承诺，十分钟后再放收玩具歌。

不要吵了，为什么要一直吵架呢？

 我又没有"一直"吵架，而且是哥哥先弄我的……

 你们说话声音好大啊！在室内要用室内的声音。或者：为什么要大声说话？发生什么事了？

　　不直接给孩子扣上"吵架"的帽子，可以避免他们因反抗而顶嘴。这一招很有效。通常一说完，孩子就会自己放低音量。

姐姐最乖了，作为弟弟，你为什么不学学她呢？

 为什么要我学她？她哪里乖了？她明明很坏，好不好？

 哇！姐姐在安静地看书耶！弟弟看电视看一个小时了，请关掉电视，选择听音乐或者看书吧！

直接叙述事实，不做评价，并告诉孩子你希望他做的事情。

同样讲一句话，转个弯来说，可以让孩子与你的心情都舒畅，试试看吧！

02

孩子的准头没抓好，
"有主见"变成"任性"

一个三岁多的小女孩即将上幼儿园，她妈妈听从我们的建议，先带孩子来学校走动走动，让她多多适应"要上这个学校了""这些将是你的同学""这个是你的柜子"等讯息，从而让她提前有心理准备，接受自己即将面对的新环境。

我观察到这对母女是属于无话不说型的，妈妈能够做到大多数父母所期望的"和孩子做朋友，自然而然地相处"。有这么几个有趣的现象：

1. 到了玩具区，小女孩一面玩玩具，一面和妈妈说话，不断地打断老师和妈妈的对话。

2. 玩完玩具后，她对妈妈说："你帮我收玩具。"上完厕所，又对妈妈说："你帮我穿裤子，你帮我洗手。"

3. 到了招待区，她很自然地将办公室所有的用于装饰的物品拿下来玩。

这期间她妈妈没说一句话，助理小姐在一旁婉转地告诉小女孩什么可以玩、什么不能玩。直到办公室变得乱七八糟，妈妈才有点不好意思地到处收拾，并告诉小女孩不能玩了，把东西收起来，要回家了。

我趁机问妈妈："请问平时在家，有让女儿自己玩自己收拾的习惯吗？"

妈妈的表情开始有点不自然，回答说："我觉得她还太小，我会教她怎么做，但是我很喜欢我们一起玩一起收拾的感觉，她还小嘛！她很会撒娇，让我帮她的次数比她自己做的次数要多。不过没关系，她还小，慢慢学，慢慢学。"听完之后，我没说话。

就在我们对话时，小女孩把妈妈和助理小姐刚刚收好的装饰品又拿了出来，妈妈说："要回家了！"她说："我不要，我不要，我不要回家，我还要在这里玩！"妈妈劝了半天都不听，助理小姐也加入了劝说的行列，引导小女孩转移注意力，但就是劝不动她。

这时，我走过去对小女孩说："你把不是玩具的装饰品拿下来玩，就要自己把东西放回去，可以玩的玩具刚才在楼上都给你玩了，这些不是玩具，不能玩就是不能玩。"

要直接说出事实。

小女孩："我想玩，我就是要玩。"

我："你可以玩玩具。"

小孩在闹的时候，不要说负面的词刺激她，不要让她觉得自己老是被反对。

小女孩："我要玩，我要玩玩具。"

我："那就跟我一起去楼上玩玩具。"

要让她知道，大人才是主导者。

小女孩："我要玩，我要玩玩具。"

几个回合下来，妈妈已经心软了，插话说："不好意思喔！老师，她还小，只想着玩，我在家也是这样都叫不动她。"

我没有回答妈妈，蹲下来与小女孩的视线平行，然后对她说："要玩玩具就收好这些东西跟我一起去楼上玩，要回家的话就收好这些东西跟妈妈回家去。"

持续坚持的时候，给孩子提供选择并提出大人的要求。

小女孩："我……我……我……"

妈妈想插嘴，我制止了她，小孩需要时间做选择。

小女孩："我……我要玩玩具！我要回家！"

我："那就先把这里的东西收好，我帮你收两样，其他的你自己放回去。"

虽然小女孩给的不是正确的答案，但要孩子自己收东西的原则不能变，这时可以多给孩子能获得部分帮助的"安全感"。

小女孩：“我……要放这些，我要放，我要放。”

我：“你是要去楼上玩玩具还是要跟妈妈回家？”我趁小女孩收东西时再一次问她。

小女孩：“我要玩玩具。”

妈妈：“你收好这里的东西，我们就该回家了。”妈妈不好意思地说话了。

我：“你的妈妈已经说要回家了，你就要听妈妈的跟妈妈回家，我把楼上的玩具帮你留着，等你下次来玩，好吗？”

小女孩：“我还想玩！我还想要玩！我不要回家。”

我：“不行，妈妈说的要听，不听的话下次就不能来玩了。现在你要跟妈妈回家了。”

语气要很坚定，让孩子知道大人的主导权。

小女孩:"我要玩玩具,我下次要来玩玩具,我下次还要来玩喔!"

妈妈:"哇!老师真的好厉害。她怎么会听你的话,真是好神奇喔!"

其实,和自己的孩子做朋友是可以的,但是,家长毕竟是大人,对于"做朋友"的尺度和准头要抓好。如果因此而造成孩子没大没小,顶嘴插嘴没礼貌,乱拿东西没规矩,任性地我行我素,不受大人的管教、不听大人的话,就不叫跟孩子做朋友。

Grace 老师的教育智慧

要给孩子设定规则

纠正孩子，给予正确观念时，该怎么做？

☒　跟孩子说好话、哄骗敷衍，或转移注意力的甜言蜜语，是没用的，孩子只会继续试探你的底线，下次还是会出现"我不要"的行为。

☑　直接教导孩子该做的事情，口气坚定而非严厉，要留点余地，为他提供选择。

给孩子规则，他可以拥有自由和选择，但必须在大人规定的范围内，这样才是有效且不失情分的教育孩子的方法。

培养孩子的责任心和良好习惯，
根本不用开口说

想要培养孩子的责任心和良好习惯，与其定规矩、看专家的文章找方法，不如让父母从日常生活中做起！

清静的四天假期结束，面对孩子们的回归，以及所发生的一连串的状况，让平时已习惯于吵闹的我都控制不住面部的表情了。

首先，是家长尚未收心！

有的早上才刚从南部回来，书包、水壶、室内鞋、睡袋通通都没有带。

"请问，今天来学校干吗？"

一个早上大概有两三回这样的情况，不断听见妈妈们对我说："不好意思喔！老师……我们才北上，什么都没准备。"我保持着微笑，请老师拿出保健室的小枕头和小被子，中午暂时用一下，但还是叮嘱了妈妈们："您下次行程别排那么紧。"

妈妈们以为我会说没关系吗？家长有义务做好安排，这个年龄的孩子作息一团乱，真的都是父母的责任。

接着，是幼儿园孩子也没收心！

大概是因为连放几天假和亲戚的小孩玩得太开心了，所以孩子们把学校的规矩都给忘了，今天早上打架、推人、抢玩具等情况发生了多次，能够听到老师们此起彼伏的规劝和骂人声。我面无表情地走过正在被骂的孩子面前，看了他们一眼。

我的原则是：当有老师在管教自己的学生时，我绝不再多说什么，也不会加入管教的行列。我只会让孩子看到我，让他知道我看见他不乖被老师骂了。这样就够了，孩子知道我已经看见他被老师责骂，再说什么都是多余的。同样地，孩子错误的行为，已经被爸爸妈妈其中一方处罚了，另一方无须再多言附和或加入责骂的行列，最多就是让孩子知道你认同爸爸（或妈妈）的处罚即可。一件错误的事情，责备过多只会起反作用。

最后，小学部孩子的作业交得乱七八糟。

有几个孩子直接坦白没写作业，写了没带的也有一堆，还有一些孩子作业没抄完整或根本忘记抄了。

这已经是不太可能会发生的事了，但今天却发生了，连放四天假的效果真是"神奇"。

但真正让我发火的是，接到几个家长打来的电话："请跟×××外教老师说，我们去乡下爷爷、奶奶家没带英语作业，请老师不要骂他，他早上好怕老师会骂……也帮我跟 Grace 说一下，我家孩子就怕 Grace 知道，他最怕 Grace 说他了。"

喂！我也可以不说他啊！但这样是对的吗？

连假结束，有状况出现是可以理解的，但这些通通都是"连假"的关系吗？收假时间安排不妥，导致孩子得匆匆忙忙来上学；又打电话请老师不要责怪孩子作业没写完……这些大人自己先不守规矩了，日后不管用再多的言语，都很难要孩子负责，很难让孩子建立遵守规矩的态度。

在假期里尽情地玩是非常棒的事，但是要将该做的功课做好再去玩，这是培养孩子责任心的不二法则。

教养孩子，如果只靠在学校时让老师盯，在家却完全放手只顾游玩，这样学校给予的帮助就是非常有限的。要相信自己的孩子，他们很聪明，只要看到你放开的小缝隙，他们很快就能钻出一个大洞。

Grace 老师的教育智慧

恰当地安排假期生活

关于假期生活，下面我从三个方面来给父母们提供建议。其实假期是训练孩子的最好机会，如何才能玩得开心又有规律，真的没那么简单！

1. 生活方面

合理安排生活，按时起居、进餐、活动、休息。不要因为假期就不按时睡觉，打乱了孩子的生物钟。不要让睡眠不足影响孩子的健康。让孩子保持良好的饮食习惯，包括按时进餐和平衡饮食。

2. 玩乐方面

除了户外的体力活动，每天还要安排一些静态活动。趁着长假多带孩子出去跑跑固然好，但别忘了，每天要安排一些室内的动脑、益智活动，例如画画、阅读、下棋等。

另外，在家看电视、玩游戏要有所控制，一般一次不要超过半小时，还要注意保护视力，注意孩子看电视的距离和姿势。

3. 学习方面

（1）多和孩子说话互动，培养他们的口头表达能力。

（2）培养孩子独立进餐、上厕所、穿脱衣服和鞋袜等方面的自理能力。让孩子做一些他们力所能及的事。

（3）放假期间，可与孩子多谈谈有关幼儿园或小学的话题，从而让孩子为下学期上学做好心理准备。

减少孩子使用电子产品的时间，是家长和老师们最大的期望。孩子能不能有个丰富的假期，就靠父母喽！

04

孩子的回馈来自你的态度

经常有父母向我求助，说孩子越大脾气也越大，说话态度还很差，都不知道该怎么教育，通常我只问一句："那么，平常你跟孩子说话都是温和的态度吗？"许多家长会顿时语塞。

放学时间，我在教室外协助家长接送，一位小班的家长来接女儿，我对小女孩说："请你先换鞋子。"

小女孩轻声细语地回答："好的。"

我帮她喷了干洗洗手液，小女孩轻声细语地说："谢谢Grace！"

我又帮她拉背带背上书包，小女孩轻声细语地说："谢谢Grace！"

然后我抱抱她说："明天见，再见小宝儿！"

小女孩轻声细语地说："再见，Grace！"

妈妈在一旁用不是很低的音量说："你怎么变成了这样？"

我："她平时在班上都是这样温柔的啊！"

妈妈对她女儿大叫："拜托！你哪是这样！怎么可能啊？"然后推推小女孩的肩膀说："把你在大街上与你姐飙音量的本事拿出来，快点儿！这样一点儿都不像你了！"

哇，这位妈妈很爱给别人爆料，一点儿都不给她女儿留面子呀！

我不禁想象着小女孩骂姐姐的画面，眼前这个小女孩真的会嘶吼骂人吗？

　　每次见到性情比较特殊的孩子，例如性情特别急、特别固执的等，我都很想看看他们的家长，每一次都不出我所料，父母当中一定有一个性格特别急躁或固执的，这种潜移默化的影响不容小觑。

许多家长包括我们学校的老师，都不了解为什么孩子们在我面前会变得温和而讲理，原本讲不通的事情到我这里就能迎刃而解，除了经验，我相信更多的原因是我的"态度"。就像本书最前面提到的，"以身作则"在教养中是很重要的，你希望孩子是什么样的人，就要先让自己变成那样的人。

换个说法，
让孩子信服，你也舒服

你经常跟孩子在他莫名的坚持中打转吗？"明明很热，他却坚持要穿他喜欢的外套""明明要去海边，他却坚持带小熊出门"……大人们在要求孩子配合自己时，是否忽略了他们某些"恼人的"坚持，其实与你的要求并不冲突！

有一个小托班的女孩，很爱星星的图案，这也是星星，那也是星星，每天穿好多带有星星装饰的衣服、鞋子来上学。私底下，我们都唤她"星星女孩"。

午睡时，老师通常会帮孩子把太多的衣服脱掉，让他们穿适量的衣服入睡。这位爱星星的小女孩，每到午睡时间就跟老师赌气，开始以为她不想午睡，总是要劝好久她才肯躺下来。老师告诉了我她的情形，我觉得，她不愿意睡就不要勉强，只要不影响其他人作息，不午休也没关系。

有一天中午去巡班，在小托班外面，我看到这位星星女孩又固执地坐在睡袋上，穿着好多件衣服都流汗了，却硬是不脱掉衣服躺下。于是，我走过去对她说：

"你穿好多衣服都流汗了，我帮你擦汗好不好？"

她没说话也没反抗，我帮她擦汗，一面看着她衣服上各式各样的星星图案，一面问她："你真的很喜欢星星喔！"

她回答："对啊！我最喜欢星星了。"

我："那星星累了怎么办？"

她：“星星……累了？为什么星星会累？”

我：“你一直穿着星星，星星会累的。”

她：“那星星累了……怎么办呢？”

我：“你跟星星一起睡过觉吗？”

她：“没有。”显然她很兴奋。

我：“我也没有，不过你比较幸运，你把星星衣服放在你旁边，就可以跟星星一起睡觉了，我都没有。”

她：“那我要跟星星一起睡觉！”

我帮她把衣服脱了，放在她旁边，然后跟她说："真好，你都可以跟星星一起睡，不过要记得起来时赶快把星星穿起来，不可以让星星一直睡。"

她倒是下逐客令了，说："好，你赶快出去吧！我要跟星星睡觉了。"

我只好默默地退出午休教室。

走出去后，她的老师大叫不公平！

老师："Grace，她从开学就没躺下来睡觉过，也不让我脱她的衣服，为什么你跟她说完她就睡了？"

我："我只是跟她说，她可以跟星星睡觉而已啊！"

女孩什么都不肯，就是要穿着星星，因为她就是爱星星，没有任何东西可以取代。我换了种方式，让她持续拥有星星，跟睡觉一点儿都不冲突啊！

有时我们觉得孩子固执、不讲理，其实大人也该反问自己到底在坚持什么。换个角度跟他沟通就行了，小孩子固执的原因很单纯，有时不一定要跟他绕来绕去，而是可以拿别的事情转移注意力，直接破解他坚持的那件事就行了。

06

一再犯同样的错，
孩子需要的是你的引导还是责骂

下班前我接到一个家长的电话，转接的老师告诉我家长口气不太好，似乎很焦躁，她是一位成绩和品行都很不错的学生的妈妈。

我："您好，有什么事我可以帮您吗？"

妈妈："哎，我真的需要您帮忙，您能告诉我怎么管我家儿子吗？"

她娓娓道来，说她四年级的儿子在校成绩很优秀，表现一直都很好，但回到家就不断说脏话，爸妈劝阻不但没有用，他还会出现发脾气、摔东西的暴力行为。妈妈一再表示，她和他爸爸已经劝说多次，甚至爸爸还说如果他再说脏话就要揍他，但不管他们怎么做都没用。最后，她说出自己最害怕的事情："他很听你的话，您可以帮我跟他说说吗？有些事他应该没告诉我们，我不想我的孩子变成第二个郑捷（台北地铁杀人犯）……"

听到她这个想法，我先告诉她："其实现在了解孩子的行为和想法都还不晚，或许最困惑的是孩子，大人先加诸一些外在的形式和想法在他身上，这样您自己也不好过，孩子一旦觉得大人认定他是不好的，他就更加不愿意改。我和他谈谈没问题，然后我会再跟您联络。"

第二天，我去教室找这个孩子，他一听到我叫他来我办公室，表情非常惊讶，进来后显然有些坐立不安。

我："请坐。"

他："Grace，您找我什么事？"

我："嗯，我找你，你很紧张？"

他："我很惊讶你会找我，我做错什么了吗？"

我："我才惊讶我竟然要找你来谈，你做错了什么需要我找你来谈？"

他沉默不语。

我："跟我想的一样，你没说任何话，表示我知道的是真的。"

他："我不是故意想这样的……"

我："但是你这种不故意却发生了很多次，所以最近你很多次不是故意让同一件事一直发生？"

他又沉默不语。

我："请告诉我，为什么想说脏话？"

他："我也不知道，刚开始是好玩，说了之后爸妈觉得，我是一个好孩子不该这样说，就开始一直注意我，找我谈话告诉我不可以说……"

我："但是他们没有问你为什么说脏话，只告诉你不要说脏话，对吧？"

他："对，只觉得我很乖，不该说脏话，但是我说完脏话觉得很爽，感觉很好！"

我："感觉很好、很爽到跟你的爸妈暴力相向，你觉得下一步会是什么？

他："我没有这样想，我摔完东西后很后悔……"

我："嗯，我相信你！"

他："真的吗？ Grace，你相信我吗？我爸妈都不相信我，他们每天都说我功课好而品行不好会变成郑捷……"

听到他这么说，我努力克制心中的惊讶，爸妈真不该这样跟孩子说！

我："你所知道的郑捷是怎样的？"

他："他很乖、很安静地念书，但是有人欺负他的时候他就会想复仇，想着想着就付诸行动杀了很多人……"

我："嗯，我想知道，你一开始觉得讲脏话感觉很好，但这么多人跟你说讲脏话不好后，你还是一直讲，是为什么？"

他："我……不知道……我没有想过。"

我："既然你觉得好玩的时候已经过去了，现在你讲你就会被骂，你不讲不就好了？"

他："那……我爸妈和学校老师不就赢了吗？"

我："那讲脏话这件事，你自己到底喜不喜欢？"

他："我不喜欢，但现在有点习惯了。"

我："其实你不喜欢讲，那你不讲会使自己遭受很大的损失吗？"

他："不会啊！"

我："那讲脏话对你有很大的益处吗？"

他："没有，我的同学也都不喜欢我讲，认为我是坏学生那一群的。"

我："你不讲了，就会拥有好人缘，那你管爸妈和学校老师赢不赢呢？一开始他们就没有跟你比赛，是你决定开始的，而又是你自己决定要结束的，好的事你掌握，不好的事也是你掌握去不去做，所以你是最大的赢家！"

他："我没这样想过……好像是耶！"

看他了解了道理后，我才觉得开骂的时间到了。

我："你很在意你的父母，你的父母也很在意你。讲脏话是不好的事，他们有权利管教你，你也应该遵从。我从小看着你，教你的事可多了，就是不想要你学不好的事，我骂你也管你，难道你也要跟我摔东西吗？"

他："我不敢！"

我："那为什么跟我不敢的事，回家敢跟爸妈做？我看你好好的、乖乖的，以为再也不用我操心了，谁承想你竟然敢说脏话，还在家里跟你爸妈造起反来了，我是这样教你的吗？"

他哭了，对我说："对不起……Grace，我不敢了，对不起。"

我："我很爱你，你的爸妈也很爱你，不准说脏话就是不准说脏话，请你立刻改掉，今天回家跟你爸妈道歉，知道吗？"

他一直哭，哭了半天："好，我知道……"

我："我会知道你是不是真心道歉喔，跟你的爸妈好好说对不起。"

他一面点头，一面继续哭泣。

我："还有，你不是郑捷，你就是你，你是我们的乖宝贝，继续做对的事和好的事，好不好？"

他："我真的不是郑捷吗？"看来他真的很担心。

我："不是！"我语气坚定地回答。

接着，他又哭了一会儿，然后像小时候一样，我帮他擦眼泪、擤鼻涕，牵着他的手回教室做功课。

我给他妈妈打了电话，请她不要再把郑捷的例子套在他身上，并且接受孩子的道歉后抱抱孩子，不需要再讲道理和说教，希望今晚他们家人间的和解是圆满的。

孩子在犯错时，第一时间就该制止，拿出父母的权威来纠正他。事后若一再发生同样的事，就表示这件事不是责备就能解决的，需要不先入为主，而是真心倾听孩子的心声后再引导他改正。

不要牵涉大人的面子问题或用社会事件吓唬孩子，父母把太多的信息传递给孩子，很容易让他的头脑负重超载。有时，父母管教孩子，得走直路，不要绕弯，不要把简单事情复杂化，不该做的事就是不能做，当孩子跳出你允许的范围时，你就要立刻把他拉回来。